新文京開發出版股份有限公司

新世紀·新視野·新文京－精選教科書·考試用書·專業參考書

第**4**版
Fourth Edition

環境生態學
ENVIRONMENTAL ECOLOGY
―朱錦忠・陳德治◎編著―

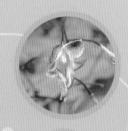

四版序
Preface

　　生態學的原文為ECOLOGY，ECO這個字根就是「家」的意思，因此生態學就是有關於「家」的學問，家是我們生活生存的所在，因此生態學也就是和我們生活的地方、生存所需資源息息相關的學問，亦即是研究生物和所生存的環境間相互關係的學問。研讀此書，除能瞭解基礎的生態學知識外，更多的期待是能夠思考人類與環境間的關係，如何在維護人類生存所需的同時，讓地球萬物亦能永續共存共榮於這塊大地之上，達到永續發展的目標！

　　有鑑於科學知識與技術日新月異，更多的新領域知識被引進並應用於生態學範疇中，尤其在生態保育方面有許多迥異於過去的新觀念和新作法，因此，此次再版，延續了朱教授著作時的精神，將部分有所疏漏之處予以更正，並補充了新的發展資訊，以及各章末皆設計了選擇習題，以祈能提供讀者更多與時俱進的內容與學習，不辱朱教授撰述本書的用心良苦。

靜宜大學生態人文學系助理教授　陳德治

編著者簡介
About the Authors

🌱 朱錦忠

經國管理暨健康學院前副教授，擔任生物學與生態學之教學、研究工作近二十年，閒暇時以旅行和攝影為樂。

著有《環境生態學》、《鄉土生態觀察》、《微笑高棉－吳哥行腳》等著作。

🌱 陳德治

靜宜大學生態人文學系專任助理教授、國立彰化師範大學生物學系兼任助理教授，擔任脊椎動物學、鳥類學、生物資源調查與標本製作、生態學、生態攝影、環境教育等領域之教學。

曾擔任社團法人彰化縣野鳥學會理事長、社團法人中華民國野鳥學會保育部主任、社團法人臺中市父母成長協會理事，長期關懷臺灣生態議題。

目 錄 *Contents*

Chapter 04　群落的構造與特質　91

CHAPTER **01**

緒 論

1-1 生態學的意義

「生態」一詞所涵蓋的範圍極廣，生態學 (Ecology) 的定義在生物學的發展史上也曾經有很多不同的解釋，但如果追根究底，1869 年德國生物學家 Ernst Haeckel 所提：「"Oekologie" 一詞代表研究動物與外界環境關係的學問」，應是生態學最早的起源。其後，雖然還有不少生物學者投入生態學定義的討論陣容，但大體上都接受「生態學就是研究生物與環境互動的科學」，而中國生態學者馬世駿定義：「生態學是研究生命系統與環境系統間相互作用之科學」，應是更進一步且具體的解釋。生命與環境系統均是由物質所組成，藉由能量的轉換加以運作，因此，生態學亦可以說是研究物質與能量在生物與生物間以及生物與環境間相互轉移過程的一門科學。

1-2 生態學的類別

生態學基本上是屬於宏觀生物學的範圍，但在這個廣大的研究領域中，為了讓研究者或學習者能夠建立有系統的觀念架構，其類別可以用下列幾種方式來區分：

一、依據生態系的構造層級歸類

如果依據生態系中的構造層級，生態學可區分為個體生態學、族群生態學、群落生態學、生態系統生態學及全球生態學等五種。

（一）個體生態學 (Autecology)

研究單一生物體與環境間的相互作用。其內容可包括個體生活史，環境對個體的形態、生理、心理的影響，以及個體對環境的適應過程和結果等等。早期個體生態學多研究環境對生物造成的生理影響，因此又被稱為生理生態學。

（二）族群生態學 (Population Ecology)

族群指在特定時間空間條件下，同一種生物個體形成的集合。研究同種生物形成的族群與其環境間的相互關係。內容包括族群形成的原因、成長、特性與變化，甚至探討族群在環境中的領域分配、行為特質以及環境對族群的影響等。族群生態學運用大量的數學建構族群變動的預測模型，發展初期受到「人口學」研究的影響甚鉅。

（三）群落生態學 (Community Ecology)

群落指在特定時間空間條件下，多種生物族群形成的集合。研究生物群落與環境間的關係。包括群落的成因、組成、分工、分層等，同時也可能探討氣候、季節、緯度等環境因素對群落的影響。

（四）生態系統生態學 (Ecosystem Ecology)

生態系統包含特定時間空間條件下，所有生物及非生物因子的集合。以生態系統中的生物組成與環境條件為研究對象，探討各種群落間的生態地位及彼此間的依附性與制約性，甚至分析環境因子對生物群落的刺激與影響等等。

（五）全球生態學 (Global Ecology)

將整個地球視為一個生態系的觀念正被逐漸接受，「地球村」一詞就是在強調全球每一個角落都密不可分的相關性。所以，全球生態學就是將整個地球的能量流動、大氣循環、水循環、生物圈等當成一個整體性的相關範疇。目前較具體的概念認為：地球的總體生命活動，其實與地球本身的溫度、氣候、化學組成等，均具有相互調節的動態平衡關係。

二、依據生物分類系統歸類

依據生物學上的分類系統，生態學可劃分為動物生態學、植物生態學、微生物生態學。如果再進一步細分，甚至還可分為魚類生態學、鳥類生態學、昆蟲生態學、藻類生態學等等。其研究範圍則不外乎是該對象生物與環境間的關係。

三、依據生物棲所歸類

若依據生物的棲息場所(Habitat)，可將生態學區分為海洋生態學、陸地生態學、河口生態學、沙漠生態學、湖泊生態學等等，各自研究在不同環境條件下，生物與棲所之間的適應與互動關係。因應都市化對生物產生的影響日漸加劇，將都會地區視為一種特殊棲地類型探討的城市生態學研究，也逐漸獲得重視與發展。

四、依據應用領域歸類

依據生態學的應用領域，可以將生態學歸類為農業生態學、漁業生態學、林業生態學、汙染生態學等，這個領域是目前研究生態學的重要趨勢，並且在與其他自然科學和社會科學相結合後，應用生態學幾乎變成與日常生活密不可分的生活科學。所以生態學領域的持續擴充，以及內容更趨於普遍和實用，是這門科學未來發展的必然趨向。

1-3 學習生態學的目的

就整個生態結構來看，人類不過是生態系中的一個族群，但演化的結果，卻變成自然界中最具優勢的物種，擁有比其他生物更高的智慧和更豐富的創造能力。所以，在總體自然資源分配上，人類幾近是巧取豪奪的占有了其他生物的生存條件，但就生態平衡的角度而言，這其實是一種生態失調的現象，因為人類過度開發自然資源，不斷膨脹族群領域的結果，必然會對其他物種造成生存壓力，並對自然環境產生高度的衝擊。所以，若是人類還不能以互利共榮的觀點來看待這整個生命世界，那人類將會面臨自然反撲的浩劫，因此學習生態學的主要目的，就是要建立人類與其他生命一體的共識，其具體意義可分述如下：

一、認識人類所應承擔的自然責任

在過去的教育方式中，個人通常被要求盡到自身的社會責任，例如要做個好學生、好國民等，但通常不會提到人類還應該在自然界中扮演一個「好生物」的角色。其實，每個人都只是地球所有居民中的一員，沒有一分一秒能夠離開生態系而獨立存活，所以人類不應該在生態系中一昧的予取予求，否則，當生態系不堪人類無限制的擴張與破壞後，究竟會以何種方式來反噬人類，是無法預期的，例如因人類破壞野生動物棲地，或加以捕獵食用，而使得其和人類之間天然分布界線逐漸消失，諸多原本傳播在野生動物間的疾病，傳染到人類身上，造成難以估計的生命和經濟損失，2019 年興起的新冠肺炎即是最慘痛的案例。因此，教育人類如何以一個好生物的角色在生態系中自處，並反省和承擔本身應有的自然責任，是學習生態學的首要目標。

至於自然責任的內涵，它是與生俱來的，不應有國籍、種族的區分，指的是每一個人都應該為改善現有的生態問題、促進良性的生態循環而努力。具體的作為上，譬如節制人口成長、減少製造廢棄物、實踐資源回收、限制汙染源、保護森林及水源、維護野生動物天然棲地等等，都是人類眼前刻不容緩的自然責任。

二、培養敬畏自然、尊重生命的觀念與行為

自然界中有許多人類至今仍然不能完全瞭解的機制與現象，但人類誤信科技可以征服自然的結果，認為人定勝天，養成許多「心中無神，目中無人」的觀念與行為。以臺灣曾經發生的事件為例，像汐止的水患、南投縣的土石流、雲林嘉南地區的地層下陷，都是人類濫用科技破壞自然所導致的惡果。因此，對自然界存著敬畏之心，是學習生態學的人所必須謹記的。此外，由於人類無法改變本身在生態系中的「異營性」(Heterotrophic) 消費者角色（專題 1A），所以獵取其他生命體做為自身營養來源看來好像情有可原，但是這種生存需求如果不能透過教育方式予以節制，那麼演變到最後就可能惡化成一種濫殺

無辜的行為，例如曾在臺灣發生的宰售老虎事件，槍殺黑面琵鷺事件等，這都已偏離了正常的自然法則（專題 1B）。因此，生態教育的目標，是希望能把敬畏自然、尊重生命的理念實現在日常生活當中，並建立與所有生命共存共榮的觀念，使得合理的生態秩序得以永續維持。

三、探討生態系的構造並瞭解生物與環境間的關係

除了培養正確的態度與行為外，建立生態學理的基本認知，也是學習生態學的重要目標之一。我們必須瞭解，人類是生態系中的一環，既不可能離開生態系獨立生存，更是其他生物的環境因子之一（圖 1-1），我們在生態系中的任何作為，都可能牽動整個生態系的構造或改變物種間的關係，甚至會造成某些生物異常的增加或意外的滅絕。所以，我們必須更深入探討生態系的組成以及自身在生態系中所扮演的角色。唯有人類在運用科技改善生活的同時，也考慮到不應背棄生態平衡的基本原理，生態環境才有永續發展的契機。否則，從生態機制所呈現出來的因果關係來看，任何自然條件的毀壞，其後果最終還是要由人類來共同承擔。

圖1-1　人類是生態系的一環，既不可能離開生態系獨立生存，也是其他生物的環境因子之一，因此必須與其他生物保持共存共榮的關係。（彰化‧西港）

專題1A

生物獲取營養的方式

　　生物取得營養的方式可分為「自營性」、「異營性」與「混合性」三大類。「自營性生物」可以從環境中吸收無機物而獲得營養和能量，例如綠色植物或「光合成細菌」可以利用葉綠素或光合色素，將環境中的水和二氧化碳重組成葡萄糖，而光能就轉變成化學能貯藏在葡萄糖的化學鍵裡面，這就是地球上最常見的自營性營養方式。除此之外，某些沒有葉綠素的原核生物，例如「硫化菌」、「硝化菌」等，它們也能夠氧化環境中的硫化物或氮化物來獲取能量和營養，這些在生態學上都算是自營性的生產者。

　　自然界中還有一些生物兼具自營性營養法和異營性營養法，例如豬籠草、毛氈苔等食蟲植物。它們雖然有葉綠素可以進行光合作用，但同時也可以捕食昆蟲並消化吸收；另外像「眼蟲」這類的原生生物，它們同時具動物和植物的特質，也是屬於混合營養型的生物。

圖1A-1　綠色植物吸收陽光的能量而合成自身所需的營養，是典型的自營性生物。（屏東・墾丁）

圖1A-2　動物攝食植物或捕食其他動物而取得營養，是典型的異營性生物。（肯亞・Amboseli）

圖1A-3 真菌分解動植物的遺骸而取得營養，也是常見的異營性生物。（基隆・深美）

圖1A-4 捕蠅草既可進行光合作用，也可捕食昆蟲做為營養來源，是屬於混合營養型的生物。（基隆・經國學院）

專題1B

坎坷的保育之路

　　在臺灣經濟尚未起飛之前，許多來臺灣觀光的老外，一定要到華西街去看蛇販賣蛇、殺蛇，而某些夜市也有一些賣山產野味的攤販，當街就擺著白鼻心、山羌、飛鼠等待價而沽；即使後來臺灣的經濟逐漸富足，路經屏鵝公路的楓港時，仍然可以看到遮天蔽日的炭烤煙霧，因為有無數的紅尾伯勞和灰面鵟鷹在此命喪於南遷路上。這些，可能就是早期來臺的觀光客對臺灣的第一印象。

　　1985 年，臺灣在經濟上已經逐漸擺脫貧窮和落後的陰影，甚至是國際舞臺上的亞洲四小龍之一，但不幸的是，在生態保育上我們卻抱來一個「野生動物地獄」的惡名。何以至此？是因為當時南部鄉下吹起一股吃虎肉進補的歪風，豢養野生動物的人將人工繁殖的老虎當街宰殺，並將虎骨、虎肉稱斤論兩來賣。這件事在

國內外媒體爭相報導下，震驚了全球野生動物保護團體，也引來國際輿論對臺灣疏於保護野生動物的嚴厲譴責。之後，雖然在政府承諾將為保育工作付出更多努力的情況下平息了風波，但臺灣的野蠻形象卻因此深刻烙印在國際保育人士的心中。

1992 年，臺灣在保育工作上更是重重的摔了一跤。當時由於基隆海關查緝到不肖之徒自國外走私進口大量的虎骨和犀牛角，使得國際保育人士對臺灣的中藥房可以公然販售犀牛角的情況極表不滿，英國環境調查協會 (EIA) 甚至以「犀牛終結者」的惡名撻伐臺灣對野生動物的罪行，這就是我們保育史上所稱的「犀牛角事件」，導致臺灣成為美國援引「培利修正案」(Pelly Amendment) 進行貿易制裁的第一個國家（1994 年 8 月 19 日至 1995 年 6 月 30 日）。同一年，另一個環保戰場也是硝煙四起。國內有關工業發展和生態保育的兩派人馬，正在為七股區曾文溪口究竟該設工業區或野鳥保護區而爭論得如火如荼時，國際鳥類保護總會 (TCBP) 執行長因柏登先生特地到曾文溪口關切黑面琵鷺棲息地的維護情況，但天下事竟如此不巧，就在那段時間，曾文溪口的灘地上發現躺著兩隻被槍殺的黑面琵鷺。由於當時調查顯示全球的黑面琵鷺不超過 300 隻，而臺灣人竟然粗暴的殺掉其中兩隻，對全世界的愛鳥人士而言，這樣的行為簡直到了罪大惡極、絕不可赦的地步。從此，臺灣再也沒有保育形象可言。

兩隻黑面琵鷺的慘死，引起國際輿論無情的抨擊，經政府單位深刻檢討以及環保團體極力催生下，農委會終將曾文溪口劃為黑面琵鷺臨時保護區，而其他的野生動物保育行動，也引起更多的重視和關懷。但如果細數臺灣對野生動物的暴行，從殺虎事件、犀牛角事件到槍殺黑面琵鷺，我們在國際上的野蠻印象，絕對不是在短時間內就可以扭轉回來的。儘管經過近三十年的保育努力，我們的市場早已看不到販售野生動物及其製品，我們的臺灣黑熊族群也正在逐漸復甦當中，且政府對違反野生動物保育法者均主動取締並繩之以法，但國際上對臺灣推動野生動物的誠意和決心，卻始終還抱著懷疑的態度。所以，如果想要洗刷掉國際上認為「臺灣是個野蠻之島」的印象，可能還有一段漫長而坎坷的保育之路等著我們繼續努力。

 1-4 研究生態學的方法

　　生態學是一門自然科學，想當然的科學方法就是它最基本的研究方法。但是，由於許多生態現象，不是短時間內可以一探究竟的，例如對生物族群的變動分析、棲地研究、環境因子的影響等等，必須透過長期的觀察，甚至以田野調查的方式蒐集無數的客觀紀錄予以分析，才能略窺生態作用的一點端倪。所以，敏銳的觀察與持續的毅力是研究生態學的另一個基本要件。

Summary　　　　　摘要整理

1. **生態學的意義**：生態學是研究生命系統與環境系統間相互作用之科學。

2. **生態學的分類**：

   (1) 依據生態系的構造層級歸類：個體生態學、族群生態學、群落生態學、生態系統生態學、全球生態學。

   (2) 依據生物分類系統歸類：動物生態學、植物生態學、微生物生態學、魚類生態學、鳥類生態學、藻類生態學等等。

   (3) 依據生物棲所區分：海洋生態學、陸地生態學、河口生態學、湖泊生態學、沙漠生態學等等。

3. **學習生態學的目的**：

   (1) 認識人類所應承擔的自然責任。

   (2) 培養敬畏自然、尊重生命的觀念與行為。

   (3) 探討生態系的構造並瞭解生物與環境間的關係。

4. **科學方法是生態學的基本研究法則**；敏銳的觀察與持續的毅力是研究生態學的必須條件。

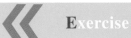
( ) 1. 生態學的意義下列何者錯誤？ (A) 研究生物與環境互動的科學 (B) 研究物質與能量在生物與生物間以及生物與環境間相互轉移過程的一門科學 (C) 研究生命系統與環境系統間相互作用之科學 (D) 以上皆是。

( ) 2. 依據生態系的構造層級，生態學的分類階層由小至大何者正確？ (A) 族群生態學→個體生態學→群落生態學→生態系統生態學→全球生態學 (B) 個體生態學→族群生態學→群落生態學→生態系統生態學→全球生態學 (C) 群落生態學→個體生態學→族群生態學→生態系統生態學→全球生態學 (D) 生態系統生態學→個體生態學→族群生態學→群落生態學→全球生態學。

( ) 3. 以下何者不是族群生態學的研究對象？ (A) 族群年齡結構 (B) 族群在環境中的領域分配 (C) 環境對族群中個體的型態影響 (D) 環境對族群大小變化的影響。

( ) 4. 生態系可以依據生物分類系統歸類，下列何者錯誤？ (A) 動物生態學 (B) 土壤生態學 (C) 植物生態學 (D) 藻類生態學。

( ) 5. 生態學可依研究對象不同而有不同的分類，以下何者錯誤？ (A) 依據生態系的構造層級歸類 (B) 依據生物分類系統歸類 (C) 依據應用領域歸類 (D) 依據生物大小歸類。

( ) 6. 以下何者不是學習生態學的目的？ (A) 認識人類所應承擔的自然責任 (B) 培養敬畏自然、尊重生命的觀念與行為 (C) 學習如何戰勝自然，發揚人定勝天的精神 (D) 探討生態系的構造並瞭解生物與環境間的關係。

( ) 7. 下列對生物獲取營養方式的敘述何者錯誤？ (A) 自營性生物可以從環境中吸收無機物而獲得營養和能量 (B) 硫化菌、硝化菌等依靠環境中的硫化物或氮化物來獲取能量和營養，屬於異營性生物 (C) 豬籠草有葉綠素可以進行光合作用，但同時也可以捕食昆蟲並消化吸收，屬於混合營養型的生物 (D) 真菌分解動植物的遺骸而取得營養，是異營性生物。

( ) 8. 臺灣成為美國援引「培利修正案」(Pelly Amendment) 進行貿易制裁的第一個國家，原因為何？ (A) 大量捕捉紅尾伯勞燒烤販售 (B) 槍殺稀有保育類黑面琵鷺 (C) 走私犀牛角和虎骨作為中藥 (D) 山產店販售山羌、飛鼠等野生動物。

( ) 9. 生態學研究方法必須遵循科學研究法則，以下何者正確？ (A) 觀察→發現問題→提出假設→設計實驗→獲取實驗結果→做出結論 (B) 觀察→提出假設→發現問題→設計實驗→獲取實驗結果→做出結論 (C) 觀察→設計實驗→提出假設→發現問題→獲取實驗結果→做出結論 (D) 觀察→發現問題→設計實驗→提出假設→獲取實驗結果→做出結論。

( ) 10. 人類所應承擔的自然責任中，下列何者有誤？ (A) 瞭解人類如何以一個好生物的角色在生態系中自處 (B) 每一個人都應該為改善現有的生態問題、促進良性的生態循環而努力 (C) 人類無法改變本身「異營性」消費者角色，所以獵取其他生命體做為自身營養來源是情有可原，無須限制的 (D) 保護森林及水源、維護野生動物天然棲地等，是人類眼前刻不容緩的責任。

環境生態學
Environmental Ecology

1. 為何生態學是現代地球公民所必須共同研習的生存科學？

2. 人類智慧與科技高度發展的結果，對全球生態系的衝擊為何？

3. 人類應該如何調節「異營性」與「尊重生命」兩者之間的衝突？

4. 比較人類的「社會責任」與「自然責任」有何差別？

CHAPTER **02**

生物與環境的關係

2-1 內在環境

　　生物為了和環境合諧的互動，並提高自己對外界壓力的耐受性，維持身、心的穩定狀態是絕對必要的。因此，當要瞭解某一生物在生態系中的表現，除了要分析它外在環境中的生物性因素和非生物性因素外，回歸到該生物本身去檢視其內在狀態也是必須的手段。雖然，生物的內在狀態可能因其不同的演化歷程而有極大的差別，但概括的說，可以把恆定性、生理律動、生命週期、心理狀態四者的綜合表現視為一個生物的內在環境。

一、恆定性 (Homeostasis)

　　生物體內在的恆定是它生理和行為的基礎。雖然從體形或構造來看，生物彼此之間有很大的歧異性，但無論如何，它們都是由細胞所構成的（病毒除外），所以維持細胞的生理恆定是每個生物所必須共同面對的問題，例如滲透壓恆定、電解質平衡、酸鹼質恆定等都是。

　　除了細胞狀態必須保持恆定外，整體生理的恆定也要隨時調節。例如動物會用行為來保持體溫的恆定，天冷時就曬太陽取暖或集體進入洞穴避寒，天熱時則減少曝曬的機會；血壓、心跳也都必須保持在一個固定的範圍內。可見恆定性是讓生物存活下去的基礎，如果恆定性受到破壞，生物可能會面臨立即的危險。

二、生理律動 (Physiological Rhythm)

　　從許多實際的例證可以發現，某些生物的行為和生理有規律性的表現，但這些規律性的行為或生理反應，大多會因應外在環境的變化而自行調整，顯而易見的如睡眠律動、飢餓律動、發情律動等。

（一）睡眠律動

　　動物的睡眠律動主要與日夜變化有關。晝行性動物日出夜伏，而夜行性動物則正好相反，這就是動物因應日照週期表現出來的睡眠律

動。至於植物方面，有些植物如睡蓮和紫花酢漿草等，它們的花瓣或葉片也會在一天當中出現規律性的睡眠律動，其確切原因有些尚無定論，但大多數同意與調節蒸散或溫度有關（專題2A）。

（二）飢餓律動

動物的飢餓律動和它的活動習性有關，像人類即使在沒有時鐘提醒下，到用餐時間仍會有希望進食的飢餓感出現，但若錯過了這個飢餓時段，食慾就減退了，這就是每個人都可體驗到的飢餓律動。野生動物方面，它們的覓食活動也是有週期性的，有些哺乳類甚至每天到水源區喝水的時間都固定不變。

（三）發情律動

許多植物都在固定的季節開花，大部分的動物也都有固定的發情、交配週期，這就是生物的發情律動。目前所知，植物的花期是受光週期所引發的，至於動物的發情律動，雖然和營養、溫度也有相關，但受光照的影響也相當重要。像雪貂、麻雀，它們需要長日照來刺激生殖腺成熟，所以在夏季時發情交配；而北美洲鮭魚則正好相反，它們是在秋天日照變短時才表現出發情或產卵的行為。

某些靈長類的發情現象主要是由體內的生殖激素在控制，所以表面看起來好像沒有什麼季節性；但若從單一個體觀察，由於生殖激素的分泌和排卵週期息息相關，所以個體表現出來的發情現象也是有其規律可循的。

三、生命週期 (Life Cycle)

從宏觀的角度來看，整個生命過程也是一種週期性的律動。生物從出生、成長、生育、衰老到死亡，每一階段都有它特殊的行為及生理特質，就像小獅子、小老虎和兒童一樣，它們所表現出來的好動性和好奇心，以及快速的代謝效率，是絕對與成熟個體不同的。因此，如果要探索一個生物的外在狀態，先去瞭解它處於生命週期中的哪一個階段也是有其必要的。

四、心理狀態 (Psychological Condition)

一般認為,植物沒有所謂的心理狀態,而動物的心理狀態又限於不能與人類進行有效的溝通所以瞭解有限,不過,心理狀態會影響生物的外在表現已逐漸被證實。以人類為例,雖然我們對心理層面如何影響人類的身心發展還不是十分清楚,但不容置疑的是,心理狀態是否平衡,絕對會影響人類與外在環境的互動,而且許多疾病的發生也都證實和焦慮、壓力等有關。也就是說,如果心理失衡,再好的外在環境可能都不具意義,但若能有健康而積極的心理狀態,即使外在環境稍差,也可能因為調適能力的提高而平安的渡過。可見,要讓一個生物在生態系中充分發揮其角色功能,除了外在環境方面要有良好的生物和非生物關係外,保持其平衡的心理狀態也是一個關鍵性的要素。

專題2A

荷花和睡蓮的睡眠律動

有很多人分不清楚荷花、蓮花和睡蓮有何不同,更搞不懂蓮蓬、蓮子、蓮藕到底是荷花長的,還是睡蓮長的?這點,可以從植物分類和形態上來區分。通常,中國人認為荷花就是蓮花,但睡蓮則是另一類的植物。就分類學而言,荷花是屬於蓮科;睡蓮則屬於睡蓮科。從外觀上區分,荷花的葉子會挺立出水面,是所謂的「挺水植物」;而睡蓮的葉子則漂在水面上,是所謂的「浮葉植物」。花朵方面,雖然兩種花的花莖都會高出水面,但睡蓮的花莖比荷花的要矮許多,而且睡蓮的花瓣通常是細長形,但荷花的花瓣則是大型的心狀。睡蓮的顏色因品種而有許多變異,但荷花只有純白和淡紅兩種。

蓮蓬、蓮子、蓮藕來自何處?荷花凋謝後花托膨大起來的部分就是蓮蓬;蓮蓬上有許多小孔,每個小孔裡面有一顆蓮子,一個大的蓮蓬大約有二十個蓮子,

小的也有十來個之多。至於蓮藕其實就是荷花的地下莖，秋冬花葉凋零後它深埋在淤泥中過冬，等第二年春天來臨時就可以再度發芽生長，所以才有「出淤泥而不染」的美名。

　　荷花和睡蓮都會出現有趣的「睡眠律動」。這種律動現象在豆科植物也很常見，例如銀合歡的葉子在白天時會上揚伸展，但在晚上小葉會兩兩閉合下垂有如睡眠狀，所以植物學上將這種週期性的生理現象叫做睡眠律動。荷花和睡蓮的睡眠律動則表現在花朵上，它們的花通常只在一天當中的某個時段開放，之後會再閉合成花苞狀。睡蓮因品種不同，開放的天數和時段各有差異，但一朵荷花通常

圖2A-1　睡蓮是葉子漂在水面上而花莖高出水面，即所謂「浮葉植物」。

圖2A-2　荷花是葉子和花莖皆挺立出水面，即所謂「挺水植物」。

只開兩天。第一天在大清早時就開放，日照轉強後就回復成花苞的樣子；第二天開放的時間會稍晚一點，但中午前會再度閉合；到第三天的開放時間就更晚一些了，而且這次不會再閉合起來，過了中午花瓣就會逐漸凋落，只剩一個小小的蓮蓬孤立在花莖上繼續生長。

臺灣頗有盛名的「白河蓮花季」，就是從賞荷演變出來的重要地方經濟活動，但很多人去賞花的時候都不知道荷花的開合自有規律，如果是早上從臺北出發，到達臺南白河時大約是中午時分，若是再品嘗個蓮子大餐，到荷田邊時已經過了中午，這時候看到的荷花，不是含苞未放就是已經花瓣凋零，難怪許多人都覺得敗興而歸。其實，想要真正欣賞荷花的嬌美，地點並不重要，時間才是重點，例如：臺北植物園、桃園觀音、新屋、臺南六甲、花蓮馬太鞍濕地等，都有大規模的荷田，只要選個天氣晴朗的清早就近前往，不但可以看到帶著露珠的荷花在晨光中綻放，還可以品味到飄逸在荷田邊淡雅的荷花香。

2-2 外在環境之一：非生物性環境 (Abiotic Environment)

所謂非生物性環境，是針對生物體周遭的物理或化學因子而言。這些理化因子綜合起來，形成生物體七種外在的生存條件，它們分別是媒質、基底、日光、水分、氣候、營養因子、環境週期等。

一、媒質 (Medium)

媒質的主要功能，是做為生物體與外界聯繫的介質，它能夠提供生物體有用的物質，相對的也把生物體的代謝廢物帶走。例如魚類生活在水中，它們必須用鰓去吸取溶在水中的氧，也把代謝後的二氧化碳、氨，甚至是過多的鹽類等排入水中，所以，水對魚而言就是它的媒質（圖2-1）。相對的，人類及陸生性的生物，他們的媒質就是空氣，但也有些比較特殊的，像寄生在人類的瘧疾原蟲及血吸蟲，它們的媒

質就是血液；而有一種叫醋線蟲 (*Turbatrix aceti*) 的生物，它們則生存在陳年醋中，以醋做為它們的生存媒質。

圖2-1　獅子魚（又稱蓑鮋）在水中生活，是以水為媒質的生物。（臺灣・墾丁）

　　媒質除了扮演物質交換的橋梁外，也對生物體的體形大小和生殖方式有所影響。對陸生生物而言，因為空氣浮力小，所以必須要用維管束或骨骼來支撐自己，因此在體形的發展上受到較大的限制；而以水為媒質的生物，尤其是生活在海水中的，因為浮力大，所以體形可以比陸生動物大一些，但是一旦它們離開水後，甚至會被自己的體重給壓死，這也是為什麼擱淺在沙灘上的鯨魚往往不能救活的原因。另外，在生殖方面，由於精子必須在水中才可以移動，所以陸生動物都必須在體內完成受精，只有以水為媒質的動物或兩棲類才可進行體外受精。至於植物，也大都必須依賴媒質來完成傳播花粉、孢子或種子的工作。

二、基底 (Substratum)

　　一個可以提供生物棲息或活動的物體表面稱為「基底」，它可以是陸地的表面，也可以是水的表面，但有某些特殊的生物則可能以樹木或金屬的表面當作基底。

　　以陸地表面為基底的生物舉目可見，例如人類、爬蟲類皆是，而大部分植物也終其一生都生長在地表之上。至於河床或海底則可視為陸地表面的延伸，像棲息在水底的蟹類，長在潮間帶的藻類，也都是歸類在以地表為基底的生物類群。

圖2-2　　生物的基底。

(a) 水黽可以在水面上划行，是以水面為基底的生物。（基隆‧經國學院）

(b) 長在枯木上的木耳就是以樹木為基底的生物。（新北‧三芝）

　　在水面棲息和活動的生物也不少，例如水黽、浮萍、大萍、布袋蓮等即是；而以樹木表面為基底的則有白蟻、真菌、蕨類等，它們一生絕大部分都在樹上渡過（圖 2-2）。有一些生物的基底比較特殊，像貽貝會附著在木質船底終其一生，甚至金屬質的船殼上也有不少生物吸附其上。另外也有些生物是以別的生物的體表為基底的，像藤壺附著在鯨魚背上，頭蝨寄生在頭皮之上就是這類的例子。

　　就像媒質會影響體形和生殖一樣，生物為了適應基底的特性，在運動器官的構造與功能上也會深受影響。以陸生動物為例，生活在堅硬土質上的山豬、黃牛，它們會有強勁的腿和帶蹄的腳趾；生活在沙漠的駱駝，它們的腳趾就會散開並有肉墊，至於常在泥濘活動的水禽，它們的腳就會長得比較長（圖 2-3）。由此可見，環境與生物的演化是息息相關的。

　　大部分生物需要基底是不容置疑的，但也有少數例外的生物，例如小形浮游生物及洄游性的魚類，它們幾乎一生中都漂浮或洄游在水裡，不需要與地表或水面做任何接觸也可以完成它們全部的生命歷程。

圖2-3　　動物因應基底特性而演化出不同的運動器官。
　　　　(a) 野豬有強勁的腳和蹄，適合在堅硬的基底上活動。（臺北・木柵）
　　　　(b) 駱駝寬厚的腳適合鬆軟的沙質基底。（臺北・木柵）
　　　　(c) 水禽的腳會長得比較長，適合在沼澤型的基底活動。（肯亞・Amboseli）

三、日光 (Sunlight)

　　日光是所有生物最原始的能量來源，它以輻射能的形式穿透氣層到達地球表面後，被綠色植物的光合作用轉變成化學能儲存在葡萄糖或其他碳水化合物分子裡面。此後，生物透過消化作用、呼吸作用、食物鏈等種種機制，讓能量在生態系中順暢的流動，因此日光在生態系中既是一個必需因子，也是一個限制因子。

　　一般說來，日光對植物的影響比對動物更直接而明顯，其中最容易看到的是向光性 (Phototropism)。植物的向光性是因為芽鞘 (Coleoptile) 在光照不均勻時，背光面的生長激素 (Auxin) 濃度會高於向光面，使得莖的兩側生長速度不等而朝向光照較強的一側彎曲。這種現象的真正目的，是要讓整個植物體能接受更多的光照，以便進行更旺盛的光合作用來儲存足夠的能量。此外，光對植物的萌芽與開花也有直接關係。在發芽機制方面，光會活化種子內的光敏素

(Phytochrome) 促使種子萌芽，在無光的環境，植物的發芽、生長及葉綠素的作用等都會受到抑制。

除了萌芽、生長之外，光對植物的開花與否也扮演極重要的關鍵性角色。短日照植物大都在夏末秋初開花，因為這時候的日照正好由長變短；相反的，長日照植物的開花時間，則是在日照由短變長的春夏之間。可見，光除了以強度在影響植物的生理活動外，光照時間的長短，也是一項重要因素。

日光與動物的關係上，可以從生理和行為兩方面來討論。在生理上，光可做為變溫動物和部分恆溫動物的熱能來源，例如冬天時，蜥蜴、烏龜或鱷魚可藉日光浴以取暖（圖2-4），即使哺乳類、鳥類也會有相同的行為。還有，陽光會促使動物體本身自行合成維生素 D，所以維生素 D 又叫做「陽光維生素」。住在寒帶的兒童，如果經常都穿著厚重的衣服躲在室內而得不到適當的陽光照射，長期下來可能得到缺乏維生素 D 所引起的佝僂症。至於光對動物行為的影響，可以「晝行性動物」和「夜行性動物」的例子來說明。像麻雀、白頭翁，它們在日出時開始活動，日落前就會停息下來，而貓頭鷹、老鼠則正好相反，這即顯示光是影響動物行為的一項重要因素。

圖2-4　鱷魚是一種變溫動物，可藉日光浴的方式取得熱能。（肯亞‧Samburu）

四、水分 (Water)

　　從生理學的角度來看，水是新陳代謝所必需的重要溶劑，有許多營養物質溶解在水中被吸收，有些代謝廢物也必須溶解在水中排出體外。且在組織成分上，水占有絕大部分的比例，某些水母類的生物，它們體內的含水量甚至高達 90%，而一般的生物如果損失其水分超過 20% 時，就可能面臨死亡的威脅。可見，水分對生物的重要性絕對不容忽視，不論是如何獲得足夠的水分，或是得到水分後如何妥善保存和運用，都是生物必須隨時面對的挑戰。

　　生物如何從環境中獲得水分？就植物而言，它們大都以固著根或氣生根吸收水分，但也有些水生植物全株都有吸水的功能；至於動物方面，它們獲得水分的方法則可能有幾種不同的途徑：

1. 直接飲水：生活在水源充足的哺乳類、鳥類，可以直接飲水獲得所需的水分。

2. 皮膚吸水：例如青蛙、蟾蜍可用皮膚在潮濕的環境中攝取水分。

3. 從代謝作用中獲得水分：例如蠶、駱駝，它們可以從消化食物的過程中得到代謝水來維持身體對水分的需求。

　　陸生生物隨時都必須面對缺水的問題，那生活在水中的動物是否就沒有這項顧慮呢？其實不然，水生動物處理水的問題甚至比陸生動物更為複雜，例如淡水魚，因為水分會不斷的透過鰓滲入體內，所以它們必須以調節細胞液或血液滲透壓或大量排泄尿液的方式來防止體內累積過多的水分；相對的，生活在海水的生物，則必須透過喝入海水來取得水分，但必須想盡辦法排除因為攝取海水而堆積在體內的鹽分，為此，每一種生物都發展出它們獨特的方法，例如海龜的淚腺可分泌高鹽分的眼淚，鯨魚的腎臟可以排除高鹽分的尿液，這些都是在解決因為攝取水分所帶來的麻煩。

　　關於生物如何防止水分從體內流失的問題。在沙漠中的植物，由於水分取得非常困難，所以它們都有很發達的角質層包覆在體表，葉子也都退化成針狀以減少蒸散作用的面積。有些植物為了對抗乾旱，甚至演化成以種子來渡過缺水期，它們會利用短暫的雨季迅速完成萌

芽、成長、開花、結果等生命過程。動物方面，皮膚及其衍生物如羽毛、鱗甲等，都是防止水分流失的構造。在特別乾熱的地區，動物會選擇早晚或夜間活動來避免過度曝曬所造成的水分蒸散。更重要的是，生活在缺水地區的動物，都會盡量濃縮尿液，使得水分不至於因為排除含氮廢物而造成不堪負荷的嚴重損失。

五、氣候 (Climate)

氣候指的是某一地理區內大氣所表現出來的自然狀況。有時，某些人會把氣候和天氣 (Weather) 混淆，其實兩者在意義上是不同的。一般來說，天氣是指在一天或一週內的短時間大氣變化，而氣候則著重於長期性的大氣平均狀態。因此，氣象學上常用日光、氣溫、氣壓、風、濕度、降水等六項指標來表現氣候的狀況。

（一）日光 (Sunlight)

日光對生態系統的重要性，以及對生物的影響已經在前面詳細敘述。但就氣候方面來說，因為緯度和地軸偏斜的關係，不同的地區會出現不同的日夜週期及季節變化，連帶的，該地區的氣溫、輻射量、乾濕度也都受到影響。可見，日光可視為決定整個氣候狀態的主導因素。

（二）氣溫 (Atmospheric Temperature)

氣溫在氣象學上可分為兩種觀測值，第一種叫平均溫，是記錄一段時間內的平均溫度；第二種叫最高溫和最低溫，是測定某一地點在某段時間內的高低極限溫度。從生態學的應用來說，後者的重要性要高於前者，因為生物對溫度的耐受性是有限度的，如果溫度過高，有些動物會引發熱昏迷，溫度過低時，則可能會對動植物造成凍傷的危險。例如有一部叫做「漫步在雲端」(A Walk in the Clouds) 的電影，其中有一段情節就是在結霜的晚上，果農要在葡萄園中點滿火炬，然後把熱氣搧到葡萄樹下以免將要成熟的葡萄受到凍傷而無法收成；還有，在臺灣南部有很多虱目魚塭，寒流的低溫經常造成大量死亡而損失慘重，可見氣溫在農漁業方面具有相當程度的影響。

（三）氣壓 (Barometric Pressure)

　　氣壓指的是大氣中的物體表面所承受的大氣壓力，若用高度來分，越接近海平面的位置氣壓越高，高山上的氣壓就相對的較低。但溫度的差異也會造成氣壓的變化，高溫的地區氣壓低，低溫的地區氣壓高，當空氣從高壓處往低壓處移動，風就因此而產生。

（四）風 (Wind)

　　大氣因為溫度或壓力的差異，造成局部性的氣流即是所謂的「風」，風的速度與方向有各種變化，對生物也有顯著的影響。例如在臨海的迎風面上，長時間的定向風會讓植物的形態發生改變（圖2-5）；而龍捲風、颶風、颱風都是一種速度極快且有旋轉性的氣流，也常對生物造成摧毀性的結果。但是換個角度來看，風在生態上又是絕對必要的，因為像水循環、碳循環、氮循環等，都必須借助風的作用來完成。

圖2-5　風對植物形態的影響：圖中這株長在迎風面的樹，因為長期受到同一方向的風力吹襲，所以歪向一邊長成「旗形樹」。（屏東‧墾丁）

（五）濕度 (Humidity)

濕度指的是一定體積的空氣中，所含的水蒸氣總量。但因為不同的溫度，相同體積的空氣所能保存的水氣並不一樣，所以，測量濕度時大都以固定的溫度、壓力為前提，所測得的濕度就叫做相對濕度。氣溫降低時，空氣的含水量也會隨之下降，當達到飽和狀態，相對濕度就是 100%，如果氣溫繼續下降，空氣中過多的水氣便會以液態水的形態釋出而凝結在物體表面，這就是氣象學上所謂的「結露」。例如臺灣夏末秋初的日夜溫差較大，入夜後氣溫降低，空氣的含水量隨之下降，多餘的水氣就在葉片表面、屋頂上、甚至汽車板金上形成露水，這是日常生活中最常見的濕度現象。

濕度對生物也有影響，如果空氣的濕度降低，生物體表的水分蒸散作用就會較強，因此生物必須加強吸收水分以維持體內的水平衡。但若濕度太高，對植物也可能有所傷害，像水稻、小麥的鏽病就是一例。

（六）降水 (Precipitation)

降落在一個地區內的總水量稱為降水量。而降水的方式可分為下雨、下雪、冰雹、凝霜、結露、起霧等各種不同的型態。一般來說，一年的總降水量在 1,000mm 以上的地區會形成森林群落；降水量在 500~250mm 者會形成草原群落；但若低於 250mm 的地區則是沙漠群落。另外，降水在時間上的分布也是左右生態環境的一項因子，大部分地區的降水都會集中在一年中的某一些時段，因此也就有所謂的乾季和雨季的區分。

六、營養因子 (Nutritional Factor)

生物必須從環境中攝取營養以維持生命，而依其取得營養物質的方式，可分成自營性 (Autotrophic) 與異營性 (Heterotrophic) 兩大類。所謂自營性生物，指的是可以從環境中直接攝取無機物而自行合成有機物的一群，像植物進行光合作用就是最典型的自營性營養法。相對

的，動物就不能在體內自行合成有機物，它們所需的醣類、脂肪、蛋白質等都必須消化別的生物體而來，像人類要吃蔬菜、肉類便是。

在生態系的運行機制中，營養因子是在動物、植物、微生物、土壤和水中循環不息的。土壤中的水和營養供應植物生長所需，動物攝取植物而繁衍，微生物則扮演分解者和還原者的角色來推動生態系中的營養循環，這些內容將在第五章時另做討論。

七、環境週期 (Environmental Cycle)

因為地球自轉、公轉的運行，以及和月球、太陽的相關位置改變，會造成非生物性環境表現出週期性變化，這叫做環境週期。環境週期不僅會影響生物的成長、繁殖等生理活動，也會影響動物的行為表現。至於環境週期又可具體區分為日週期、月週期、季節週期、潮汐週期等四種。

（一）日週期 (Diurnal Periodicity)

地球的兩極之間，因為地球自轉的關係，在 24 小時之內有一段時間會面向太陽形成白天，另一段時間則背向太陽而出現黑夜，如此週而復始的循環稱為日週期或晝夜週期。但因為地軸偏斜的關係，不同緯度的地方，日週期的日夜比例就不盡相同。

日週期對生物的影響主要來自於光的刺激，所以生物的許多生理、行為也隨之出現規律性的變化。以植物為例，光合作用就是受日週期影響的一種生理律動；而動物方面，像水中的浮游生物在夜晚會向表層移動，白天則會向下沉到深處；蟑螂、老鼠晚上才出來覓食，白天則不見蹤影等，都是生物適應日週期所發展出來的律動模式。

（二）月週期 (Lunar Periodicity)

月球繞行地球一圈的時間是為一次月週期，所需時間是 29.5 天。月週期再加上地球公轉的因素，造成各地海水受不同大小的月球及太陽引力影響，而在地球上表現出海水的潮汐現象。因此，月週期對生物的影響，目前發現和潮汐週期有密切關聯，這一部分將與潮汐週期一併討論。

（三）季節週期 (Seasonal Periodicity)

　　一年中，因為地球一邊自轉，一邊公轉，而且地軸又與公轉軌道的平面（黃道面）以 23.5 度斜角交叉，所以在地球公轉一圈的過程中，南北半球的溫帶地區，因太陽直射的角度差異，會各自出現春夏秋冬的四季變化，這就是所謂的季節週期。以北半球為例，每年 6 月 21 日、22 日左右，陽光直射在北回歸線上，這時候在節氣上叫「夏至」，是一年中白晝最長的一天，在北極圈附近甚至出現永晝的情況。而當地球再公轉運行到 9 月 22、23 日左右，陽光直射的位置在赤道，當天白晝和黑夜各占一半，是節氣上所謂的「秋分」，此後便夜晚漸長，白晝漸短地進入冬天的季節。

　　另外，在季節週期方面必須特別一提的是，由於地軸偏斜，陽光直射的位置每年在南、北回歸線之間來回一次，所以南、北半球的四季是相對的，北半球春天時，南半球則是秋天；南半球是夏天時，北半球就是冬天了。但如果以赤道附近來看，在每一年當中有兩次陽光直射的時間，所以這些地區沒有四季變化，只有區域性的乾季和雨季、或是熱季和涼季之分（圖 2-6）。

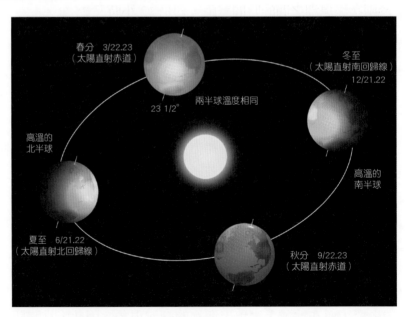

圖2-6　地球公轉與季節週期的關係：由於地軸偏斜23.5°，所以陽光直射區時有變化，春分、秋分時直射赤道，夏至直射北回歸線，而冬至時則直射在南回歸線。

（四）潮汐週期 (Tide Periodicity)

地球表面的海水，受到太陽和月球兩種引力共同影響，會出現定期的漲退現象，這叫做「潮汐週期」。其詳細的作用機制，必須從潮汐的成因、漲潮和退潮、大潮和小潮等三方面來分別解釋。

1. 潮汐的成因：雖然潮汐是受太陽和月球共同影響，但一天中潮水的漲落，主要是月球和地球相關位置的變化所造成。潮水會漲高，是因為面對月球的海水受到來自月球的引力而被拉起；而背對月球的另一端，則是受到地球自轉的離心力而被拋出，因此，不管任何時間，地球上都有兩個地點在漲潮，這兩個地點其實就是「月正當空」和「月正當背」的兩處。

2. 漲潮和退潮：如前段所述，地球面對月亮和背對月亮的兩個位置是潮水最高的地方，是為漲潮；而介於這兩處中間的另外兩個位置則是潮水最低的地方，是為退潮。因此，如果以淡水河口這個定點為例，由於地球自轉的關係，淡水每天會有一次面對月球，一次背對月球，所以會有兩次漲潮，而介於這兩次漲潮中間則是兩次退潮。至於兩次漲退潮之間的時間差距，約是 12 小時又 25 分。

3. 大潮和小潮：一天當中潮水漲退兩次是受月球的影響，但潮水會漲多高、退多遠則是加上太陽引力的結果。從太陽、月亮、地球三者的運行關係來看，每一個陰曆月當中，三個星球有兩次排成一直線的機會，也就是農曆初一和十五的時候。這兩天海水受到來自太陽和月亮相加起來的引力，所以漲潮的時候會漲得最高，退潮的時候也會退得最遠，是一個月中所謂的大潮；相反的，在農曆每月初七、二十一前後，由於地球、月亮、太陽成直角關係，日月引力相互抵消的結果，海水的漲退就比較不明顯，此稱為小潮（圖 2-7、圖 2-8）。

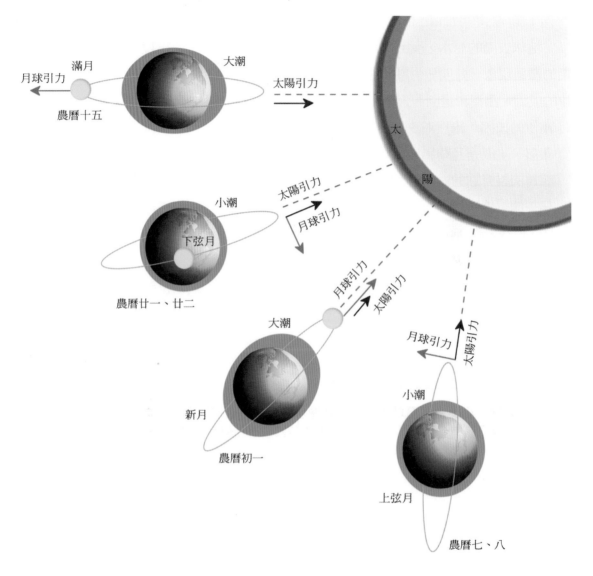

圖2-7　大小潮的成因：當太陽、地球、月球三者成一直線時，海水受到最大的引力和離心力，所以潮水漲得最高、退得最低；相對的，若三者成直角關係時，因為兩種引力互相抵消，所以潮水漲退就比較不明顯。

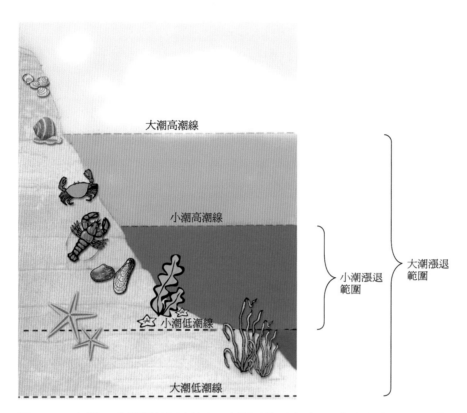

大潮高潮線

小潮高潮線

小潮漲退
範圍

大潮漲退
範圍

小潮低潮線

大潮低潮線

圖2-8　大潮、小潮漲退區域圖：大潮時海水漲得最高也退得最低，之後便一日一日縮小其漲退區域，到小潮時，海水漲退的差異最小，但其後又一天一天擴大，直到第二次大潮來臨。

2-3　外在環境之二：生物性環境 (Biotic Environment)

　　所謂生物性環境，指的是生態系中生物和生物之間的一切互動關係。就目前所瞭解，這類關係錯綜複雜，有時還會因時間、地點的差別而出現不同的變化，因此，如果要把包羅萬象的生物關係一一列舉，事實上有所困難；但就同一時空條件而言，生物間彼此的關係可分為競爭、合作、片利共生、互利共生、寄生、抗生、剝削、捕食、人為關係等九種。

一、競爭 (Competition)

　　生物或物種之間，因為對環境的需求部分或全部相同時，是為「競爭」。這種關係隨處可見，而且不一定發生在不同種的生物之間，同種個體之間的競爭可能更加劇烈。例如兩隻同種的公鹿，平時在空間、食物、水源的需求上就有競爭的關係，繁殖季節時還會以淚腺所分泌的氣味來劃分領域，為了爭奪配偶，它們會用角相互撞擊直到分出勝負為止。至於不同種生物之間的競爭關係也不勝枚舉，像在同一片草原上生存的斑馬和瞪羚，它們要競爭食物、空間和水源；稻田裡的農作物與雜草，要競爭陽光、空氣、水分和營養，這些都是日常可見的競爭關係（圖 2-9）。

圖2-9　競爭關係。

(a) 冬陽照暖的時候，成群的烏龜擠在一個石頭上曬太陽，是「種內競爭」關係。（臺北・中正紀念堂）

(b) 斑馬和瞪羚分享同一片草原，是「種間競爭」關係。（肯亞・Amboseli）

二、合作 (Cooperation)

　　「合作」指的是兩生物生活在一起時雙方都互蒙其利，但如果分開，雙方也都還可以正常生存。所以，這種關係對雙方而言都不是絕對必要的，只是在一起時，大家都更容易獲得生存所需而已。實例上，像椋鳥啄食牛、羊、鹿皮膚上的寄生蟲；小丑魚躲在海葵叢中；蜜蜂採食花蜜但也傳粉等都是（圖 2-10）。

圖2-10 合作關係。
  (a) 椋鳥啄食水牛皮膚上的寄生蟲，雙方都有好處，但並非絕對要在一起，是一種
      合作關係。（肯亞・Amboseli）
  (b) 海葵提供小丑魚庇護，而小丑魚替海葵帶來食物和清除寄生菌藻，是海洋中常
      見的合作關係。（屏東・墾丁）

三、片利共生 (Commensalism)

　　兩生物在一起共同生活，其中一方因此獲利，而另一方並無利害
影響，而且雙方沒有絕對性的依附關係，這種情況叫做「片利共生」。
以鷺鷥和水牛為例，鷺鷥喜歡棲息在水牛附近，因為可以方便吃到被
水牛驚嚇飛起的昆蟲。所以，對水牛來說，有沒有鷺鷥對它並沒有利
害影響，但鷺鷥卻因水牛而得到好處，但是，即使沒有水牛，鷺鷥仍
然可以自行覓食，這就是片利共生。另外，海洋中有一種印魚會用它
特化的吸盤，吸附在大型魚類身上像搭便車般移動，這也是生物界中
撿便宜型的片利共生關係（圖 2-11）。

　　還有一些片利共生的實例被另稱為「附生」，例如許多蘭科植物
或蕨類、爬藤類都依附在大樹的樹幹上以爭取更多的陽光，但並不在
大樹體內吸收營養，這是所謂的附生型片利共生（圖 2-12）。

　　除了上述這些例子外，有許多不顯著的片利共生現象常被忽略，
像獸類藏身於叢林，鳥類棲息於樹上，魚蝦潛伏在水草間，嚴格說來，
這些都是廣義的片利共生關係。

圖2-11　片利共生關係。

(a) 牛背鷺棲息在牛隻附近等待捕食被驚起的昆蟲，兩者是片利共生關係。（新北·金山）

(b) 印魚用特化成的吸盤，吸附在豆腐鯊身上像搭便車般移動，兩者是片利共生關係。（屏東·恆春）

圖2-12　附生型的片利共生關係。

(a) 蕨類附著在喬木樹幹上但不從喬木吸收營養，這是常見的附生型的片利共生關係。（基隆·暖東）

(b) 爬藤植物攀附在喬木的樹幹以爭取陽光，兩者是附生關係。（馬來西亞·亞庇）

四、互利共生 (Mutualism)

「互利共生」是兩生物共同生活，甚至是兩個個體緊密依附在一起使雙方同時受益，且這種依存關係一旦被分開，兩者都有損失甚至不能繼續生存。生態系中互利共生的現象很多，較常被提到的像豆科植物和根瘤菌、鞭毛蟲和白蟻、藍綠藻和真菌共生形成的地衣（圖2-13）、珊瑚蟲與共生藻（詳見第四章專題4D）等均是。

豆科植物的根會因為根瘤菌侵入皮層而形成根瘤，但根瘤並不會對植物造成傷害，相反的，根瘤菌會進行固氮作用，把空氣中的氮氣 (N_2) 轉化成氨 (NH_3) 讓植物吸收利用，而植物則可提供水分、鹽類、糖類等物質滿足根瘤菌代謝所需，這就是豆科植物與根瘤菌的互利共生關係。

圖2-13　互利共生關係：地衣是藻類和菌類之間的互利共生結合體。藻類可提供菌類養料，菌類則可防止藻類流失水分。（雪霸國家公園）

鞭毛蟲和白蟻之間也是互利共生關係。白蟻並沒有消化木質纖維的酵素，它們之所以能夠以木材為食，是因為消化道中有大量的鞭毛蟲與之共生。鞭毛蟲在白蟻腸道中分解纖維素產生醣類和白蟻分享；而白蟻則提供鞭毛蟲醣類以外的營養，如果用人工方式把兩者分開，雙方都會面臨死亡的威脅。

五、寄生 (Parasitism)

寄生關係的雙方，一方叫寄主 (Host)，另一方叫寄生物 (Parasite) 或寄生蟲。寄生物從寄主的體液、組織或消化物中獲得生存所需，而寄主則會受到某種程度的危害。因此，寄生是一種一方受益但另一方被害的生物性關係。

生物界的寄生關係變化繁多，為了便於討論和研究，學理上以不同的名稱來解釋各種特別的情況。

（一）體內寄生

寄生物潛入寄主消化道或組織、體液之間，從中攝取生活所需的是為體內寄生，像蛔蟲與人類就是典型的例子。蛔蟲寄生在人體的消化道內，由於直接吸收人體腸道內已消化的營養物質，所以消化系統和神經系統都不發達，但生殖系統則具有旺盛的繁殖能力。據估計，一尾雌性成蟲，一天約可排出 20 萬顆卵，當卵隨糞便離開人體後，便伺機感染下一個寄主。被蛔蟲寄生的人，常有營養不良的症狀，而蟲卵進入人體孵化後，幼蟲會先隨血液在心、肺、內臟間循遊後再回到腸內寄生，所以會讓人體組織因而遭受某種程度的傷害。

圖2-14　單寄主寄生：「野菰」將根紮入五節芒的篩管內吸收營養，終生不更換寄主，是一種單寄主寄生關係。（基隆‧外木山）

（二）體外寄生

寄生物僅附著在寄主體表謀取生存利益的寄生型態叫體外寄生。如鳥蝨寄生在鳥類羽毛間，狗蚤隱匿在皮毛上吸食寄主的血液；還有真菌寄生在人體皮膚上形成癬及香港腳等，都是常見的體外寄生實例。

（三）單寄主寄生

寄生物僅需一個寄主便能完成整個生命過程的寄生方式稱為單寄主寄生。例如臺灣可以看到一種寄生植物叫「野菰」，它會將根紮入五節芒或甘蔗等幾種禾本科植物的篩管吸收營養，終生不更換寄主，是單寄主寄生的一例（圖2-14）。

（四）多寄主寄生

多寄主寄生是指寄生物會在不同的寄主間遷移，像狗蚤會在不同的狗之間傳播便是。但

還有另一種型態的多寄主寄生，是寄生物必須在固定的兩種或兩種以上的寄主完成生命週期，所以會有第一寄主、第二寄主等的區別。這種寄生例子像血吸蟲先寄生在淡水螺再寄生在人體；無鉤絛蟲先寄生在牛再寄生到人類；瘧疾原蟲第一寄主是瘧蚊、第二寄主是人類等均屬此類。

（五）終生寄生

寄生物一生當中，除了世代交替或遷移階段暫時離開寄主外，其他時間都與寄主共存的情況是為終生寄生。像噬菌體寄生在特定的細菌完成複製繁殖過程，只有再感染之前短暫離開細胞，且暫停代謝作用，就是終生寄生最好的例子。

（六）暫時寄生

和終生寄生相對的，寄生物只有短暫的時間和寄主發生關係，大部分時間仍獨立活動的是為暫時寄生。像蚊子、螞蝗只是短暫的停留在寄主體表吸食體液即是。

（七）種間寄生

種間寄生是指寄主與寄生物在分類學上不屬於同種生物的寄生關係，前面所述的寄生關係都屬於這一類型。

（八）同種寄生

和種間寄生相對應的是同種寄生，指的是同種生物的不同個體發生寄生關係。在生態學上這類的現象較少，常用來舉例的是安康魚的雌雄寄生關係。安康魚是一種深海底棲性魚類，雄魚的體型很小，消化系統也不健全，它必須在出生後不久找到一尾雌魚，然後咬住雌魚頭部或體側的凸出處從中吸取雌魚的體液為營養來源，否則它就會被捕食或死亡，這是生物界中較少見的同種寄生現象。

（九）擬寄生

雖然寄主與寄生物之間總是寄主受害，但是寄生物基本上並不希望寄主死亡，甚至有時寄生物會主動更換寄主以免造成雙方同歸於

盡。不過，有些寄生物只是在寄主身上完成它生命週期的某一階段而已，所以即使犧牲寄主也在所不惜，這種最終會導致寄主死亡的寄生方式，學理上給它另一個專有名詞叫「擬寄生」(Parasitoid)。如果嚴格的說，這種生物關係應是介於寄生與捕食之間的一種特殊型態。

擬寄生的例子還不算少，像寄生蜂把卵產在蜘蛛或其他昆蟲的體內，還有一種叫「冬蟲夏草」的中藥都是擬寄生的實例。冬蟲夏草其實是一種蟲草屬真菌對蝙蝠蛾幼蟲擬寄生的結果。發生的過程是：冬天時蝙蝠蛾的幼蟲在泥土中覓食，真菌的孢子隨著食物進到腸道內附著，等夏天氣溫升高後，孢子在腸道中萌芽，成束的菌絲從蟲體的頭部竄出而使之死亡。由於這時兩者在外觀上看起來，像是一條蟲的頭上長了一根草，所以才有冬蟲夏草的稱呼（圖 2-15）。

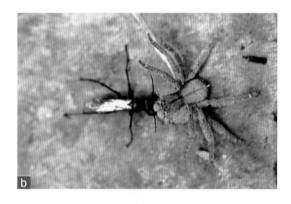

圖2-15　擬寄生。

(a) 冬蟲夏草：真菌寄生在昆蟲身上形成冬蟲夏草，兩者是擬寄生關係。圖中右側是被寄生昆蟲幼蟲，左側是寄生的真菌。（基隆・經國學院）

(b) 寄生蜂與蜘蛛：寄生蜂將蜘蛛麻醉後拖入巢中，並將卵產入蜘蛛體內，待卵孵化後，幼蟲再以蜘蛛為食而成長，兩者是一種擬寄生關係。（屏東・墾丁）

六、抗生 (Antibiosis)

抗生是指兩生物之間，一方分泌有毒物質抑制或毒害另一方的情況，而這種毒性物質即是所謂的抗生素 (Antibiotic)。在生物界中最常見的抗生關係發生在真菌和細菌之間，例如青黴菌可分泌青黴素使它附近的許多細菌受到抑制而無法生長，目的是要獨享環境中的營養來

源，而醫學上便用這種物質來治療一些細菌性感染的疾病，像鏈黴素、金黴素等，都是由黴菌所分泌出來的抗生物質。

除了真菌之外，某些單細胞藻類也會分泌抗生素毒害環境中的競爭者，像部分海洋渦鞭毛藻就是。這種藻類大量繁殖時會使海水變成深紅色，所以有「紅潮」(Red Tide) 之稱，而其所分泌的毒性物質，嚴重時甚至會造成魚貝類大量死亡，在水產養殖工作上具有嚴重的威脅性，甚至有時會間接的對人體造成危害，例如 1986 年在臺灣發生的西施舌事件即是。此外，在臺灣造成嚴重平地森林生態破壞的外來入侵種植物銀合歡，根部會分泌含羞草毒，造成周邊其他植物萎凋死亡，從而迅速擴展棲地形成純林，也是一種抗生現象的表現。不過從生態學的角度來看，抗生關係的目的，無非是其中一方要使自己獲得更多的生存保障而已（專題 2B）。

七、剝削 (Exploitation)

某一生物從另一生物奪取生存所需是為剝削。在人類社會中，剝削事件經常可見，像以往的佃農與地主，奴隸與貴族就是一種剝削關係。但除了人類外，生物界裡也有剝削的例子，例如杜鵑科鳥類的托卵行為（巢寄生）就是。

例如大杜鵑 *(Cuculus canorus)* 本身不會築巢也不孵卵，在繁殖季節，它會去找葦鶯的巢寄生，在葦鶯的巢中偷吃一顆蛋後再生下一顆自己的蛋，之後便一走了之。而且，如果它有四顆蛋，它還會分別把蛋下在四個不同的巢裡。很特別的是，被托卵的葦鶯通常無法分辨大杜鵑的蛋和自己的有何不同，所以它會繼續抱孵這一整窩的蛋。假使大杜鵑較早孵化，大杜鵑幼鳥就會蓄意把其他的蛋推出巢外以獨占所有的食物；若是大杜鵑較晚孵化，也會因為它體型稍大、爭得更多食物而成長迅速。沒幾天後，大杜鵑幼鳥就會把葦鶯幼鳥擠出巢外任其餓死，而葦鶯的親鳥自始至終都不知道它養的其實是別人家的孩子。

八、捕食 (Predation)

　　某生物捕捉另一生物來當作食物是為捕食關係，加害者這一方稱為掠食者 (Predator)，受害者一方則稱為犧牲者 (Prey) 或獵物。這種現象在觀察野生動物生態時經常可見，像鳥類捕食昆蟲、獅子捕食斑馬或瞪羚，目的不外是撲殺對方來做為食物的來源。

　　捕食關係不一定只發生在動物與動物之間，動物將整棵植物拔起食用也是一種捕食關係，當然也有植物捕食動物的例子，像豬籠草吃掉昆蟲便是（圖 2-16）。

圖2-16　捕食關係。

　　(a) 獅子捕食羚羊，是典型的捕食關係。（肯亞‧Masai Mara）
　　(b) 豬籠草可以用特化的構造捕食、消化小型昆蟲而獲取養分，是
　　　　植物捕食動物的現象。（臺北‧建國花市）

九、人為關係 (Man-made Relationship)

　　因為人類的特殊作為所引起的生物與生物間的關係叫人為關係，這種情況通常只發生在人工環境中，例如，在動物園中把小豬和老虎養在一起；或是把獅子和老虎關在一起，甚至生下獅虎來；還有早期

的中國農村，會刻意讓馬跟驢交配而生下騾子，這些都是人為關係的
實例。此外，人類畜養牲畜、獵人與獵狗之間，也都屬於廣義的人為
關係（圖2-17）。

圖2-17 人為關係。

    (a) 人類馴養動物提供勞力，是最常見的人為關係之一。（泰國・曼谷）

    (b) 動物園中把小豬和老虎養在一起，是人為關係的實例。（泰國・曼谷）

🍃 專題2B

西施舌事件

    「西施舌」又稱為西施貝或西刀舌，是一種長橢圓形有兩片殼的貝類，在臺灣中南部海岸及主要河口都有生產，成熟的西施舌長約 5~8 公分，是一種民間經常食用的海產。但 1986 年 1 月，高屏地區有人因為吃了西施舌後，出現口、唇、舌和臉部發麻等現象，隨後蔓延到頸部、胳膊和手腳，

    比較嚴重者甚至惡化成肢體麻痺、流口水、頭痛、口渴和嘔吐等症狀，其中有兩人因病重而不治死亡，這即是臺灣食品衛生史上的「西施舌事件」。

    西施舌本來是一種可食的水產生物，但何以在冬天低溫期裡會引發如此嚴重的中毒事件實在匪夷所思。後來從食物檢體的化驗結果知道，它不是一般的細菌性食物中毒事件，而是一種叫雙鞭毛藻 (Dinoflagellates) 的浮游生物惹的禍。

鞭毛藻是一種長著鞭毛的單細胞藻類，在水溫、營養鹽等環境條件配合得宜時，它們就會以無性生殖的方式大量繁殖。如果加上潮水和趨光性的配合，這些鞭毛藻就會濃縮聚集於某處海水表層，使得海水遠觀時變成紅色或橙、黃、綠、藍等顏色，這就是海洋生態學上所稱的「紅潮」(Red Tide)。雙鞭毛藻並非全都具有毒性，只有少部分有毒的種類會釋出毒素來抑制環境中的競爭者，這是生態上的抗生現象，但如果這些含有毒素的藻類被魚貝類濾食，毒素就會累積在其體內，要是人類又正好取食這些含毒的魚貝類，毒素就會對人體產生危害，而西施舌事件就是因為這些蓄積著藻類毒素的貝類被民眾誤食所引起的不幸案例。

2-4 環境對生物的限制

生物與環境之間是互動的，良好的環境是生物生存所必需，但不良的環境則會對生物形成壓力 (Stress)。所以，在生態系中凡是會對生物的生長、繁殖、分布產生抑制作用的因素，都稱之為「限制因子」(Limiting Factor)。以非洲象為例，一頭母象一生當中平均可生產六隻小象，如果這些小象都順利存活且繼續繁殖，那現在整個非洲應該被象群擠滿，但事實上非洲象目前卻面臨絕種的危機。可見，對於非洲象的繁殖和分布，生態系中必有一些因素在抑制它，這也就是所謂的限制因子。

限制因子對生物的抑制作用，有時候是由單一因子所引發，有些則是兩個以上因子共同作用的結果。而歸納環境中的限制性因素則可區分為日光、水、氧氣、溫度、pH 值、空間、微量元素、天災人禍等八項。

一、日光

日光是生物最原始的能量來源，也是光合作用的原動力。因此，在沒有光的地方，就不會有綠色植物分布。以海洋為例，在水深 160

公尺以下的地方，由於日光已經無法到達，所以沒有任何藻類存在，且生存在這裡的動物，也都是一些肉食性或攝取有機碎屑的種類。可見，日光的有無很顯然就是綠色植物和草食性動物的主要限制因子。

二、水

水對生物的重要性已經在非生物性環境一節中詳述，而其對生物生長和分布的限制，從沙漠生態即可明顯看出。像撒哈拉大沙漠曾經二十年沒下過雨，結果連仙人掌之類的旱生植物也全部死亡。蘚苔植物因缺乏維管束可以運送水分，必須依靠細胞間的擴散獲得水的供應，且精細胞和卵細胞必須以水為媒介才能完成授精，因此植株矮小且必須生長在潮濕的環境，可見水對生物分布的限制。

三、氧氣

對陸地生物而言，氧氣的取得似乎輕而易舉，但在整個生態系中，還是有些缺氧的地方，像高山上氧氣稀薄，除非在生理上有些特殊的適應，否則一般生物是不容易存活的。還有，一般水中的含氧量約只有空氣中的二十分之一，所以水生動物要耗費非常多的能量且有特殊的構造去取得氧氣，如果在一個靜止或汙染嚴重的水體中，由於溶氧甚低或根本缺氧，生物就不可能在其中存活。

四、溫度

生物能夠維持正常生活的最低溫度稱為「最低有效溫度」，相對的，能夠維持正常生活的最高溫稱為「最高有效溫度」。而超過這兩個數值時，生物就會陷入昏迷而漸至死亡。不過，不同生物的最高、最低有效溫度各自不同，所以熱帶的生物只能存活在高溫區，而寒帶生物反而會被高溫所限制。就以吳郭魚為例，吳郭魚剛引進臺灣時，只能在南部養殖，如果帶到北部，冬天它就會被凍死；此外近年廣受關注的外來入侵種綠鬣蜥，原為分布在中南美洲的熱帶至亞熱帶地

區，在臺灣則受冬季低溫的限制，目前危害擴散區僅侷限於中部以南，這就是溫度限制生物分布的實例。

五、pH 值

生物對酸鹼度的適應和對溫度一樣，有各自適合的範圍。但由於水會受二氧化碳濃度的影響，土壤也會受所含有機質特性的影響而改變其酸鹼度，因此，生活在水中的生物和著生在土壤的植物，都有隨 pH 值的差異而變化的傾向。例如豆科植物只能生存在 pH 值高於 5 的土壤上，pH 值大於 9.0 或小於 3.0 的土壤，植物大多不能存活。

六、空間

生存空間是否足夠，也是限制生物族群是否能夠繼續增殖的因素，甚至有些生物族群在密度提高後，會因為疾病率和死亡率的提高而限制了數量的增加。生態學家曾經以老鼠做實驗，發現在擁擠的環境中即使食物和水都充分供應，老鼠也不能表現正常的求偶、交配行為，甚至有雌鼠不願意哺育幼鼠或雄鼠咬殺幼鼠等反常現象。另外，某些魚類如果生活在過度擁擠的池塘中，它們會自行分泌某種物質來抑制卵的孵化，這些都是空間抑制生物成長、繁殖的例證。

七、微量元素

生物的營養需求，除了碳、氮的供應要不虞匱乏外，某些礦物質、維生素雖然所需不多，卻扮演著限制因子的角色。例如碘、鋅、銅、鐵、鈷等元素，動物攝取的量其實很少，但若缺乏時，就會引發各種代謝障礙，像缺碘時甲狀腺功能會失調；缺鋅時呼吸酵素會失常；缺銅、鐵、鈷則和貧血有關。此外，養海水觀賞魚的人都知道，生活在水族箱中的海生魚、蝦、貝類常常容易生病或活存不久，其主要的原因就是人工海水的微量元素失調所致。

八、天災人禍

　　惡劣的自然現象，像洪水、乾旱、暴風、地震等，往往導致生態環境嚴重破壞，一旦棲息地被改變或摧毀之後，生物便不得不遷徙甚至造成死亡。但更不幸的是二十一世紀的現在，生物除了要承受天災的壓力外，可能人禍才是關係它們存亡絕續的最無情挑戰。例如，人類所造成的各種汙染，不當的濫墾、濫伐，甚至無休無止的戰爭等，在在都迫害到野生動、植物的生存與分布，但若從整個生態系來看，人類也是其中的一個族群，這些天災人禍，可能遲早都會報應在人類身上。

2-5 生物對環境的耐受性

　　環境固然會對生物產生限制，但生物也有對抗環境的能力，這就是所謂的耐受性。以溫度為例，生物回應溫度因子的刺激會出現五個基點，分別是高溫致死點、最高有效點、最適點、最低有效點、低溫致死點。生物在遇到超過最高有效溫度或最低有效溫度的情況時，會陷入熱昏迷或冷昏迷的狀態，若溫度再升高或降低，則可能因而死亡，而在最高有效點和最低有效點之間，是生命活動的適應範圍，學理上稱之為「適應幅度」（圖 2-18）。

　　不同個體對各種限制因子的適應幅度各自相異，像毛蟹、鱸鰻平常生活在淡水中，但繁殖季節則游入海裡，對鹽度的適應幅度很廣，所以它們是一種「廣鹽性」的生物；相反的，生活在高山溪流的鯝魚，如果把它置入鹽水中它很快就會死亡，這就是「狹鹽性」的生物。以此類推，生物就可分為廣溫性與狹溫性、廣光性與狹光性等等。至於生物彼此之間為何會有耐受性的差異，則是受下列四種因素所影響。

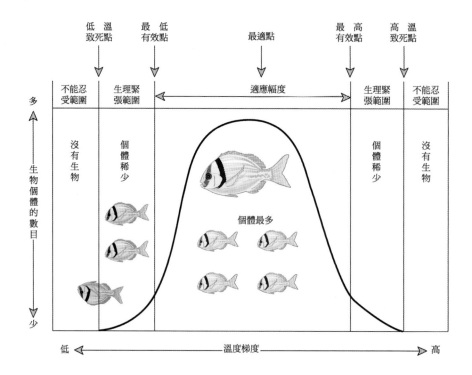

圖2-18　魚類對溫度的耐受性：魚類在適應幅度範圍內的生長、發育最為良好，超過此範圍則會造成生理緊張或疾病。

一、種類的差異

　　不同種的生物，它們的生理、形態、構造、行為各方面都有極大的歧異性，所以對環境刺激所表現出來的適應情況自然有所不同。

二、生命週期的差異

　　在不同的生命階段也會表現出不同的耐受性來，這是形態、代謝率與活動量都不相同的結果。譬如魚類的受精卵不能承受太大的溫度變化，但成魚就不會那麼敏感；又如老人家冬天怕冷，但年輕人就比較不在意，這都是顯而易見的事例。

三、習慣性的差異

　　同種生物的不同個體，會因為是否習慣某種刺激而表現出耐受性的差異，例如從北歐來的人，他會覺得臺灣的冬天還是很暖和，但臺灣的人冬天去北歐，就會覺得冷到受不了。

四、有無限制因子共同作用

　　生物對某一單項限制因子的耐受性即使很高，但若有兩三個限制因子同時出現時，生物可能很快被擊垮。例如有些魚類本來可以耐高溫，也可忍受低溶氧，但高溫所導致的水中溶氧減少，卻使它無法承受而死亡。

2-6　生物對環境的適應

　　生物能夠以其耐受性回應環境的刺激，從演化的觀點來看，這是經由遺傳與競爭等機制，長時間與環境互動的結果。至於生物如何適應環境的方法，概括性的歸納，可將其適應趨勢分為下列三種：

一、形態的適應

　　生物可以改變自身的形態來因應環境的刺激，像洄游性的魚類或哺乳類，它們的體形會趨於流線型以適應水的阻力；底棲性的魚類和甲殼類則趨向扁平以利避敵；陸地上的動物則大都以四肢來行走，這些都是形態適應的共同現象。而研究生物如何改變形態來因應溫度變化的學者，提出兩條生態學上著名的定律來說明生物的共同適應趨向，第一條叫「阿倫定律」(Allen's Rule)，內容是說：「同一種類的哺乳動物，生活在寒帶者，其四肢、耳鼻、尾巴等身體末端，會短於生活在熱帶者」。第二條叫「勃格曼定律」(Bergmann's Rule)，指出「寒帶的恆溫動物，其體形會大於熱帶的相關種類」。分析這兩條定律的理論基礎，關鍵在於表面積與散熱的關係，體形越小、末端越長，生物體的相對表面積就越大，就越有利於散熱，相反的則有利於保溫，

這也就是為什麼非洲象的耳朵比亞洲象的大（圖2-19），而寒帶人的身材比熱帶人魁梧的原因了。

植物也有形態適應的現象，例如沙漠中的植物，為了避免水分過度蒸散，它的葉片面積會盡量縮小，甚至變形成針狀，而生活在樹林底層的耐陰植物，為了爭取足夠的陽光，它的葉片面積就演化得比陽性植物更大一些（圖2-20）。

圖2-19　動物的形態適應：非洲象(a)的耳朵比亞洲象(b)的大，是動物對溫度的形態適應實例。（a：肯亞‧Samburu；b：尼泊爾‧奇旺）

圖2-20　植物的形態適應。
　　　　(a) 沙漠中的仙人掌為了避免水分過度蒸散，將葉子變形成針狀。
　　　　　（屏東‧墾丁森林公園）
　　　　(b) 生活在樹林底層的姑婆芋，為了爭取足夠的陽光，葉片就長得
　　　　　更大一些。（基隆‧經國學院）

二、生理的適應

生物改變其生理代謝以適應環境壓力的現象普遍存在，以下即是幾個精緻而有效的生理適應實例：

（一）缺水的適應

動物細胞代謝蛋白質後，會產生一種有毒的含氮廢物—氨 (NH_3)，而為免細胞因此中毒，一定要迅速將它排出體外。對淡水魚而言，因為它不虞缺乏水分，所以直接把氨溶在大量的水中變成稀尿液排出，但陸生哺乳類因為水分取得較困難，不能為了排氨而浪費太多水分，所以先把氨在肝臟轉變成毒性較低的尿素後，再溶解到少量的尿液裡排除，而取得水分更困難的鳥類和昆蟲，它們更進一步把氨轉化濃縮成毒性輕微的固態尿酸後與糞便一起排出體外。

（二）缺氧的適應

體內運送氧氣的功能主要由循環系統和血紅素來擔任。一個居住在低海拔地區的人，如果在短時間內爬到 2,100 公尺以上的高山上，那他的呼吸和心跳速率都會因為氧氣稀薄而加速，甚至出現暈眩、休克等所謂的「高山症」反應（高山症在海拔 2,100 公尺以上的任何高度都可能會發生，但特別容易發生在海拔 2,750 公尺以上）。不過若在山區定居下來一段時間後，體內會自行調高紅血球數量及血紅素濃度來克服缺氧的問題。所以像棲息在高原的氂牛，它們體內的血紅素濃度，就比平地相近品種高出許多。

（三）高低溫的適應

某些動物對不適宜的溫度，會以改變代謝速率來適應。像青蛙、蛇等，它們在冬天低溫時會降低循環速率，僅讓血液在心臟和腦間循環，進入真正的「冬眠」狀態。而相對於冬眠的是「夏眠」(Estivation)，例如非洲有一種肺魚，它在夏季高溫又缺水的時候，會鑽到地下去呈熟睡狀態達數個月甚至數年之久，等雨季來臨時它才會甦醒過來。蜂鳥因體型小，體溫容易散失，因此需要大量進食取得足夠的能量維持

體溫，但在夜間溫度較低且無法覓食時，則以調降代謝率的方式讓體溫降低，減少能量的消耗，白天時則迅速回復正常。

（四）缺乏食物的適應

　　有養蠶經驗的人都知道，自然狀況下，蠶卵在春雷響時孵化，夏季時成長交配，入秋前後蠶蛾就已完成產卵而死亡，只留下受精卵等待來年重新開始另一個生命循環。這個過程看似自然，但其實也是配合環境變化的一種生理適應現象。因為春夏間桑葉正是最茂盛的時候，所以適合成長繁殖；而冬天食物缺乏，正好以卵的型態來度過危機。類似這樣的生理適應，在其他昆蟲也可看到，譬如以蛹的方式來度過冬天的也不在少數。

（五）水中生產的適應

　　生活在陸地上的哺乳類，它們生產幼獸時都是頭先離開產道，身體和四肢再接著出來；但海洋中的哺乳類像鯨魚、海豚等，它們的生產方式正好相反。幼鯨是尾端先產出，頭最後才出來。何以如此呢？因為海生哺乳類是用肺呼吸的，為了不讓下一代在出生時面臨溺斃的危險，所以在生理上演化出這樣的適應方式。

三、行為的適應

　　有些生物會以某些特殊的行為來應付危險或不良的環境。像在臺灣極為有名的過境候鳥灰面鵟鷹，它春夏時節在日本、中國東北等高緯度地區繁殖成長，入秋後因高緯度地區氣候嚴寒且食物缺乏，因此會經由朝鮮半島、中國沿海、日本、琉球後，過境臺灣恆春再南下菲律賓過冬；而當春天再來的時候，灰面鵟鷹又會千里迢迢的一路北上飛回原來棲息的地方繁殖。這就是生物為了適應環境變化所表現出來的遷徙行為。

　　囓齒科動物像松鼠、鼴鼠等，它們為了解決冬天食物不足的問題，則演化出儲藏食物的適應行為。據一些生態學家的觀察，松鼠會在秋天食物豐富時，把一些乾果、種籽分散儲存在不同的地點，而鼴鼠則

是把食物全部儲藏在巢穴中，儘管方法有所不同，但目的都是為了讓自己在冬天時免受飢餓之苦。

　　鼠類會儲藏食物，而鳥類為了避免因為食物不足餓死雛鳥，也演化出一套特殊的育雛行為。通常，雛鳥的嘴巴都是大而鮮豔的，這是為了讓母鳥能夠容易發現餵食的目標，但若一個巢中有四隻雛鳥，母鳥餵食時並沒有任何順序，食物大多是被嘴巴張得最大、頭抬得最高的那隻雛鳥優先獲得（圖 2-21）。或許從人類母愛的觀點來看，這樣的餵食方法實在有違常理，但如果考慮到食物缺乏時，這樣的餵食行為至少可以確保那隻最強壯的下一代活存下來。所以，鳥類的偏心其實是有理的，不過更奇妙的是，這種偏心正好被大杜鵑利用來剝削葦鶯，使葦鶯願意死心塌地的替它養育幼鳥（詳見本章第三節的剝削關係）。可見，生態系中生物與環境間的交互作用，其實是相當精緻而讓人嘆服的。

圖2-21　行為適應：鳥類在養育幼雛時，通常先餵食長得最壯的那一隻，這樣就可確保最低活存率。（基隆・外木山）

Summary 摘要整理

1. 「環境」一詞涵蓋甚廣，就單一生物個體而言，其環境包括「內在環境」與「外在環境」兩大部分，而外在環境又可區分為「生物性環境」和「非生物性環境」。

2. 系統表：

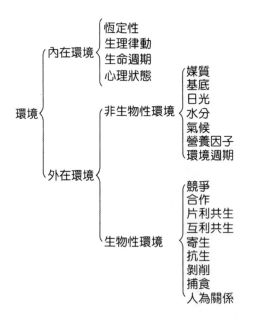

3. 生理律動的類型：睡眠律動、飢餓律動、發情律動。

4. 媒質的種類：空氣、水、血液、醋等。

5. 基底的類別：地表、水表、樹木表面、金屬表面、生物體表面。

6. 氣候因子：日光、氣溫、氣壓、風、濕度、降水。

7. 環境週期的類別：日週期、月週期、季節週期、潮汐週期。

8. 寄生關係的類型：體內寄生、體外寄生、單寄主寄生、多寄主寄生、終生寄生、暫時寄生、種間寄生、同種寄生、擬寄生。

9. 環境中的限制因子：日光、水、氧氣、濕度、pH 值、空間、微量元素、天災人禍。

10. 造成生物耐受性差異的原因：種類的差異、生命週期的差異、習慣性的差異、有無限制因子共同作用。

11. 生物適應環境的趨勢可分為：形態的適應、生理的適應、行為的適應。

12. 阿倫定律：同一種類的哺乳動物，生活在寒帶者，其四肢、耳鼻、尾巴等身體末端，會短於生活在熱帶者。

13. 勃格曼定律：寒帶的恆溫動物，其體形會大於熱帶的相關種類。

( ) 1. 下列何者不屬於生物的內在環境？ (A) 恆定性 (B) 生理律動 (C) 營養因子變動 (D) 心理狀態。

( ) 2. 下列何者與生物的睡眠律動無關？ (A) 蝙蝠晝伏夜出 (B) 含羞草葉片因碰觸下垂關閉 (C) 睡蓮花朵日照轉強後就回復成花苞的樣子 (D) 麻雀清晨天亮後開始鳴叫。

( ) 3. 下列對環境週期的敘述何者錯誤？ (A) 日週期是因為地球自轉的關係所形成 (B) 月週期會引起地球上表現出海水的潮汐現象 (C) 季節週期是因為地軸與公轉軌道的平面（黃道面）以 27.5 度斜角交叉所造成 (D) 潮汐週期受太陽和月球共同影響。

( ) 4. 下列對非生物性環境的敘述何者錯誤？ (A) 媒質能夠提供生物體有用的物質，也把生物體的代謝廢物帶走，扮演物質交換的橋梁 (B) 空氣濕度降低時，植物必須減少吸收水分以維持體內的水平衡 (C) 動物的運動器官在構造與功能上深受基底影響 (D) 蝙蝠晝伏夜出是受到日週期影響的結果。

( ) 5. 以下對生物間關係的敘述何者正確？ (A) 生物或物種之間，對環境的需求部分或全部相同時，即會產生競爭 (B) 兩生物生活在一起時雙方都互蒙其利，但如果分開，雙方也都還可以正常生存，稱為互利共生 (C) 兩生物在一起共同生活，其中一方因此獲利，而另一方並無利害影響，而且雙方沒有絕對性的依附關係，這種情況叫做「合作」 (D) 片利共生是一種一方受益但另一方被害的生物性關係。

( ) 6. 以下對生物間關係的敘述何者錯誤？ (A) 杜鵑科鳥類的托卵行為（巢寄生）是一種剝削關係 (B) 豬籠草吃掉昆蟲是一種捕食關係 (C) 銀合歡根部分泌含羞草毒，造成周邊其他植物萎凋死亡是一種剝削關係 (D) 噬菌體利用特定的細菌完成複製繁殖過程是一種寄生關係。

( ) 7. 下列環境對生物限制的描述何者有誤？ (A) 限制因子對生物的抑制作用，有時候是由單一因子所引發，有些則是兩個以上因子共同作用的結果 (B) 不同生物的最高、最低有效溫度各自不同，限制了生物分布 (C) 動物對微量元素的攝取量很少，因此在生存上不會造成任何限制 (D) 生物族群在密度提高後，會因為疾病率和死亡率的提高而限制了數量的增加。

( ) 8. 下列何者不是影響生物環境耐受度的原因？ (A) 種類的差異 (B) 習慣性的差異 (C) 生命週期的差異 (D) 飲食的差異。

( ) 9. 生物對環境的適應何者錯誤？ (A) 候鳥的遷徙是適應氣溫與食物等多種環境因子變化的結果 (B)「勃格曼定律」是動物適應水分變化的結果 (C) 阿倫定律是動物適應溫度變化的結果 (D) 高山上居住一段時間後，血紅素濃度上升是適應氧氣濃度變動的結果。

( ) 10. 下列對環境限制因子的敘述何者正確？ (A) 水深超過 160 公尺，沒有任何藻類存在是受限於日光 (B) 外來入侵種綠鬣蜥危害擴散區僅侷限於中部以南是受限於氣溫 (C) 蘚苔植物植株矮小且必須生長在潮濕的環境是受限於水分 (D) 青蛙幾乎都是夜行性動物是受限於 pH 值。

Thinking 思考與討論

1. 以自己為例,分析現在所處的環境週期以及本身的內在環境狀態。

2. 日光是生物的非生物性環境之一,同時也是氣候因子和限制因子,何以它在生態系中如此重要?對生物又有些什麼影響?

3. 生物為了攝取水分和保持水分,在生理、形態、行為上有哪些因應措施?

4. 就「勃格曼定律」的理論基礎,討論為何北歐人比印尼人的身材高大許多。

5. 蒐集資料比較北極熊、加拿大棕熊、臺灣黑熊、馬來熊的體形差異,並解釋造成這種現象的原因。

CHAPTER **03**

族群的形成與特質

專題3A

生物相

生物分布的情況會受地形、氣候或土壤的影響而形成不同的生物地理區，在此區域內的整體生物群落組合狀態，就是所謂的「生物相」。1973 年 Kucera 將全球的生物地理區歸納為冷區、溫區及熱區三大生物相，冷區生物相如凍原或針葉林；溫區生物相如亞熱帶常綠闊葉林、溫帶落葉林、溫帶草原等；而熱帶雨林和熱帶草原則是熱區生物相。

臺灣地處亞熱帶，在一般低海拔地區看到的生物相大多是亞熱帶常綠闊葉林，但如果走出國門，秋天前往北海道欣賞滿山紅葉，那是溫帶落葉林的生物相；到馬來西亞或泰國，看到的是熱帶雨林的生物相；而如果到非洲，看到的則是熱帶草原的生物相。可見，旅遊行程中欣賞各地不同的生物相是重要的目的之一。不過，臺灣因為橫跨在北回歸線上，又有海拔三千公尺以上的中央山脈，所以即使不出國也可以看到各種不同的生物相，例如玉山國家公園內就有針葉林和高山草原，墾丁國家公園也可欣賞到熱帶雨林的景觀，只要用心發現，這塊土地還是有許多美景值得欣賞。

3-1 族群的成因

生態學上對族群的定義為：特定時間、空間條件下，同種生物個體聚集形成的集合稱為族群。因此族群是可以依研究探討需求加以設定的，例如在 2022 年臺灣島嶼上所有的臺灣獼猴可以視為一個族群，或是 2022 年高雄壽山上所有的臺灣獼猴也可以視為一個族群，因此在探討族群表現的相關特徵時，必須將時、空條件說明清楚。

動物的活動習性各有不同，像臺灣黑熊、孟加拉虎、印度豹等經常都是獨來獨往；而有些生物像獅子、斑馬、獼猴等則喜歡成群結隊

或全家出遊。從生態學的角度來看，除了少數特殊個案（如迷路的候鳥）外，生態系中的生物大都會有一個以上的個體而形成族群，即使是植物也是如此。那為什麼它們會在同一地區裡成群的出現呢？歸納起來，應該有下列三個原因：

一、主動的移動

生物受到某種自發性因素驅使而聚集的族群是為主動族群，這些自發因素例如「共同的趨向」和「相互的吸引」即是。

（一）共同的趨向 (Common Orientation)

生物對環境的刺激，如果表現出靠近反應的是所謂的「正趨性」(PositiveTaxis)；相反的，表現出遠離反應的是為「負趨性」(Negative Taxis)。通常同種生物對相同的刺激大都會有相同的趨向，因此有很多族群就是正趨性的結果。例如夏夜的路燈下，經常都有成群的某些昆蟲群聚飛舞，這就是昆蟲對光表現出正趨性所形成的主動族群。

在日常生活當中經常可以看到共同趨向所形成的族群，例如白鷺鷥因為受到食物的吸引而聚集在水牛或耕耘機周圍；候鳥因為有共同的目的地而成群飛行；黑面琵鷺為了躲避北方的低溫而在臺灣過冬等都是（圖 3-1）。

圖3-1　共同趨向所形成的主動族群。

(a) 臺灣黃蝶群聚在沙地上吸食水分和鹽分，是一種共同趨向所形成的主動族群。（新北・貢寮）

(b) 小白鷺群集在收成過後的魚塭覓食，也是共同趨向所形成的主動族群。（彰化・西港）

（二）相互的吸引 (Mutual Attraction)

　　某些生物的聚集，是因為彼此間相互吸引的結果。例如短吻海豚會藉由它們發出的聲音來呼朋引伴；烏賊和鯖魚在海裡也總是擠成一團似的一致移動，這些都起因於彼此間的相互吸引。假使我們把一隻小鯖魚單獨的養在一個大水族箱中；它就會靜靜的貼近角落裡一動也不動，生物學家把這種現象解釋為「趨觸性」(Thigmotaxis)。因為這些剛出生不久的小魚，它們要藉由彼此的接觸來尋求安全感，而事實也證明，這樣的行為確實可以減少被捕食的機率。

　　陸生動物同樣也有因相互吸引而成群結隊的現象，像綿羊就是最好的例子。綿羊總是盲目的跟隨著帶頭者 (Leader)，如果這隻帶頭者跌落山溝，後面的會通通跟著擠下去。所以這種擠在一堆的禦敵方法，有時反而讓綿羊相互踐踏而死傷無數。另外，剛孵化的椿象幼蟲也會群聚在一起以降低被捕食的機率，這些都是相互吸引形成的主動族群（圖 3-2）。

圖3-2　　相互吸引所形成的主動族群。

(a) 椿象幼蟲會相互聚集以降低被掠食的風險，這是因趨觸性而形成的主動族群。（基隆・外木山）

(b) 小型魚類會藉由彼此接觸而聚集以降低被捕食的機率。（屏東・墾丁）

二、被動的移動

生物聚集的第二種原因是受到外力運送的結果，所以這類族群可稱為被動族群。如果我們到鄉下的稻田或池塘邊去觀察浮萍、水蓮花或布袋蓮時，會發現它們經常都是聚集在某一個角落裡，這就是受風吹送的結果（圖 3-3）。另外，海洋裡的水母也有類似的現象。水母本身的運動能力不強，所以它們會受到潮流的影響而移動，有時候在一個海灣裡甚至有成千上萬的水母聚集，如果這種現象發生在海水浴場的話，對人類就有很高的危險性。

圖3-3　被動族群：布袋蓮被風吹移到池塘的角落聚集，是一種被動族群。（臺東・大坡地）

三、生殖的需求或結果

不管是動物或植物，都可能因為生殖的需要或結果而在同一個生態區中以族群的型態出現，這類的族群稱為「生殖族群」。不過，生殖族群依照聚集時間的長短，又可分為兩種型態，一種是只在生殖期間才在一起的，另一種則是代代同居，形成一種緊密的家族關係。

舉例來說，純粹為繁殖而聚合的族群像海獅、企鵝、螢火蟲等就是。海獅、企鵝僅在繁殖季節群聚在某些島上求偶、交配，但等到下一代可以自由行動後，族群即隨之解散；而螢火蟲也只有在夏夜的河邊聚集，過了秋季也就不見其蹤影了。

和海獅、螢火蟲相對的是蜜蜂、螞蟻、獼猴、象等族群。這些族群除非受空間或食物等外來因素的影響，否則大都是親代與子代始終維持著群聚性的關係，甚至有些族群還會有互助性或社會性的行為出現。

在植物界也有類似的族群，像用走莖繁衍的蛇莓、用地下莖增殖的竹子、山芋，由於親代和子代間的距離有限，所以它們經常會密集的出現在一個區域裡而形成家族族群（圖 3-4）。

圖3-4　生殖族群。

(a) 非洲象代代同居而形成一種緊密的家族關係，是動物界中典型的生殖族群。
（肯亞・Amboseli）

(b) 在陰濕的崖底，山芋因無性生殖而成叢生長，是植物的生殖族群。（太魯閣・燕子口）

3-2 族群的成長

　　如果在一個實驗環境中，對單一族群進行研究的話，會發現族群的成長過程有一個固定的模式可循。在這個成長模式中，生物個體數的變化可分為下列四個階段：

一、正成長階段

　　當少數的生物個體被引進一個新環境後，由於數目少，對環境也還在適應當中，所以這是一個族群緩慢成長的階段。

二、對數成長階段

　　隨著個體數的增加，彼此間交配的機會也相對變大，於是族群內的個體數呈現對數型成長，這是整個族群發展過程中成長最迅速的階段。

三、負成長階段

　　個體數大量增加後，因為彼此間的競爭加強，代謝廢物增多，環境阻力也就逐漸變大，所以這時候族群內的個體數變化，會呈現從巔峰狀態而明顯下滑的情況。

四、平衡階段

　　當個體數經過負成長階段的調節後，族群與環境會保持一種穩定性的關係，個體數量不會顯著的增減，只是在一定的範圍內表現出波動的現象。

　　上述的族群成長模式，如果以大草履蟲的研究 (Gause, 1934) 為例，發現把五隻大草履蟲置入 0.5c.c. 的培養液後，每 24 小時觀察一次的結果是：

1. 第一天，大草履蟲由 5 隻增加到 20 隻，是緩慢的成長階段。
2. 第二天到第四天，大草履蟲以對數關係快速增加到 375 隻左右。
3. 第五天開始族群個體數開始減少，是為負成長階段，之後大草履蟲的數量就會維持在一個穩定的波動範圍，進入所謂的「平衡階段」。

3-3 族群的調節

　　不論在實驗室內或自然生態系裡，族群都會受到競爭、死亡或不良環境因子的限制，使得個體數只能在一定的範圍內變動而不可能無限制的增長，這在學理上稱為「族群的調節」。至於族群調節的機制如何？綜合各生態學者的研究結果，大概可分為下列三種方式：

一、種內調節

　　同種生物的個體，因為對環境的需求相同，所以在個體數增加時，彼此的競爭壓力就會相對變大。動物為了應付這種壓力，演化出所謂

圖3-5　種內調節：森林中的喬木彼此之間保持適當的距離以平均分享光能，這是種內調節的現象。（嘉義‧阿里山）

的領域行為，讓環境中的個體可以得到合理的資源分配，同時也限制了族群的增長；植物方面，先出現的個體因為有較高較大的樹冠，使得後出現的個體得不到日光資源而無法生長，其結果就會讓森林呈現穩定的林相（圖3-5）。

二、種間調節

　　一個生態系中若有兩個以上不同物種的族群時，那某一族群的成長壓力，除了種內競爭外，還要面對來自其他物種族群的制衡。例如在一個廣闊的草原上，本來野兔可以得到很好的成長條件，但若這個生態系中山貓的族群變大，那野兔的增殖便會因為山貓的捕食而受到抑制。

三、非生物因素的調節

　　有些族群的增長與否和生物性因素關係不明顯，主要受到環境因子的限制而產生族群大小的變動，像有一種叫薊馬的昆蟲，它們族群大小的關鍵因素是氣候，因為大多數昆蟲早期的死亡率是由氣候條件來決定的。

 族群的波動

　　生物族群在上述三種調節機制相互作用下，即使族群已發展到平衡階段，個體數量也會呈現一定範圍的波動情形。研究這類族群波動的學者進一步分析不同族群的波動狀況後，把它歸類為「規則型波動」和「不規則型波動」兩種。

一、規則型波動

1937 年 Maclulich 研究加拿大雪蹄野兔和山貓的族群發現：每隔九到十年這兩種生物都會出現一次個體數大量增加的現象。此外，像中國的華南鼬鼠及北極苔原的旅鼠，則每隔三～四年就有一次族群波動的高峰期，這是規則型波動的實例。規則性波動族群的個體數量會有相對固定時間規律的高峰和低谷變動。

二、不規則型波動

規則型的族群波動比較常出現在族群種類較少的生態系裡，在某些複雜的生態區，族群的波動因為牽涉太多因素，所以沒有什麼規則性可言。像中國生態學者馬世駿分析近 1,000 年內東亞飛蝗在中國的危害紀錄，發現東亞飛蝗大量出現的時間並沒有所謂的週期性。不規則形波動族群的個體數量變化則沒有一定的時間規律。

(3-5) 評估族群的指標

對族群進行實際觀察發現，即使不同的族群也都有一些共同的特徵，分析這些特徵，可以概略瞭解該族群的現況與變化趨勢，這就是學理上用來評估族群的指標。

一、個體數量 (Amount)

個體數量代表族群內個體的多寡，是評估族群規模的基本指標，但如果沒有族群密度、分布性等做參考，個體數量對瞭解族群的狀態幫助有限。

二、族群密度 (Population Density)

單位面積或空間內某族群的個體數，是該族群的族群密度。例如以太魯閣國家公園內的臺灣獼猴總數除以太魯閣國家公園的土地面積，就可得到該區域內的臺灣獼猴族群密度。

三、出生率 (Natality)

出生率是指某特定區域裡，單位時間內新增的個體數。例如在一年內，某城市的新生嬰兒數為 1,000 人，則該城市該年的人口出生率即為 1,000 人／年。依據國家發展委員會統計資料顯示，臺灣在 2019~2021 年的出生人數分別為 177,767、165,249、153,820 人／年，呈現出生率下滑的狀況。

四、死亡率 (Mortality)

和出生率相對應，指一特定區域裡單位時間內死亡的個體數。臺灣在 2019~2021 年的出生人數分別為 176,296、173,156、183,732 人／年，呈現逐年增加的趨勢。出生率與死亡率在 2020 年出現交叉，人口開始呈現自然減少的情況。

五、年齡結構 (Age Distribution)

所謂年齡結構，是指族群中不同年齡個體所占的比例。例如 2020 年臺灣的 65 歲以上老人已占總人口數的 16.07%，而 14 歲以下幼年人只占總人口數的 12.58%，所以已是一個老齡化的社會。

六、性別比例 (Sex Ration)

性別比例是指族群中，具有生殖能力的雄性個體與雌性個體的比例。生物界中，不同種類的生物有其不同的性比關係，有雌多於雄者，例如獅子、麋鹿；有雄多於雌者，例如蜜蜂、螞蟻；另也有雌雄相當的，像人類即是。不過三種性比關係並沒有優劣之別，只是對該種生物的求偶行為和婚配制度有所影響而已。臺灣 2020 年男／女比例為 0.98，大致上仍接近於 1：1。

3-6 族群的狀態

　　前述的六項指標，除了可以顯示族群的現況外，如果經過客觀的
比對分析，則可以推測族群未來的演變趨勢，而依據這種變化的走向，
可以把生物族群的狀態歸類為成長族群、平衡族群和衰退族群三種。

一、成長族群 (Positive Growth Population)

　　如果族群裡的性別比率穩定，族群密度逐漸提高，而且年輕個體
多於年老個體，出生率也高於死亡率，那很明顯的這是一個成長族群。

二、平衡族群 (Growth Equilibrium Population)

　　族群的出生率與死亡率相近，年輕個體與年老個體維持在一種穩
定的比例範圍，而族群密度呈現出規則而小幅波動者是為平衡族群。

三、衰退族群 (Negative Growth Population)

　　假設族群密度逐漸遞減，年老個體多於年輕個體，死亡率也明顯
高於出生率，甚且有性比失調的現象出現時，族群可預見的將有衰退
傾向，嚴重時甚至可以導致族群滅亡。臺灣在 2020 年時，死亡率已
高於出生率，且老年人數多於幼年人數，已逐漸步入衰退族群的初始
階段。

3-7 族群與空間的關係

　　從第二、三、四節中的介紹可以知道，族群是一種極具變異性的
動態組織，它有形成的原因，有調節的機制，也有興衰的過程。但無
論如何，族群的發展是否良好，和空間內所能提供的生存條件是絕對
相關的。因此，本節要討論一些有關族群在空間方面的運用情況。

一、族群的個體在空間中的分布狀態

族群中的個體，為了合理分配空間中的資源，彼此之間會保持一個適當的距離，而不同種類的生物，對空間的需求也不盡相同。因此，族群內的個體在空間中的分布狀態可以分為下列三種類型：

（一）均勻分布 (Uniform)

生物個體間如果存在著明顯的競爭關係，或是生存資源呈現平均等距離分布的狀態時，彼此間的距離會呈現出均勻相等的狀態，因為這樣最能有效的分配空間裡的各項資源。例如人工種植水稻時，先劃好株距後再行插秧就是最好的例子。

（二）隨機分布 (Random Form)

當空間中的生存資源充足，個體間不存在競爭關係時會有隨機分布的情況，在自然狀況下，剛開挖出來的新生地會有這類的分布狀態。

（三）成群分布 (Clumped Form)

族群中的個體不是單獨的分布在空間中，而是以集團式的一小撮、一小撮的分布在空間裡。至於何以會形成集團式分布的原因，則和生物的生殖、遷移、分工、行為等或是生存資源呈現團塊分布的情形有關（圖 3-6）。

二、族群的個體在空間中的聚散變動

雖然個體在空間中有其既定的分布型式，但從時間的動態變化來看，族群會因為密度提高、環境改變、氣候變化等種種生存壓力，個體會在空間中出現聚散變動，學理上把這類聚散變動分為三種類型：

（一）遷入 (Immigration)

新的個體從族群既有的空間外加入定居後不再離去是為「遷入」。遷入的結果會使族群密度提高，個體會面對空間資源重新分配的壓力。

圖3-6　族群內的個體在空間中的分布情形。

(a) 均勻分布：人工插秧，是最具代表性的均勻分布。（彰化・芬園）

(b) 隨機分布：收成過後的蕃薯田，殘留在土壤裡的塊根長芽後呈現隨機分布的狀態。（宜蘭・利澤）

(c) 成群分布：在崖壁上的植物以成群分布的狀態出現。（太魯閣・燕子口）

（二）遷出 (Emigration)

　　族群中原有的個體搬離現在的空間並且不再回來是為「遷出」。遷出有助於疏解族群內部的空間壓力，但也可能代表該環境已漸不適合族群的生存。

（三）遷徙 (Migration)

　　個體因為某些律動因素，暫時離開原來的棲所但會再回來的變動稱為「遷徙」。遷徙經常都是集體性的，所以沒有立即性的空間調整問題，但如果回來之後，個體有因繁殖結果而發生個體數量變異時，空間的重新分配則勢在必行。

三、族群利用空間的方式

族群利用空間的方式，和物種的習性有關。有些物種是以個體或家族的型態平均分散在空間裡，這是「分散型」的利用方式；另外也有些是以集體群居的方式利用空間資源，是為「共用型」的利用方式。

（一）分散型利用

個體或家族在空間中呈現均勻分布的狀態，如果是動物還會有所謂的領域範圍。這樣的利用型式，可以保護個體或家族有安全的棲所並有充足的食物，例如臺灣黑熊、獅子就是採取這樣的利用方式。

（二）共用型利用

對某些物種而言，集團式的生活對覓食、禦敵、遷徙或繁殖是比較有利的。例如蜜蜂是以一種組織嚴密的集團方式營生，它們在覓食、繁殖上的分工絕對比個別的求生方式來得有效。並且，在冬天氣溫下降時，集團式生活的蜂巢可以保持相當的溫度，而單獨的個體可能就要面臨凍死的危險。因此，生物在權衡得失之後，有些物種仍然願意以共用空間資源的方式來換得最高的生存機會。

3-8 動物族群的行為

生物受到刺激而表現出適當的反應就是所謂的行為 (Behavior)。例如小狗聽到主人的呼喚會趨近，麻雀看到貓來會飛走，這都是日常可見的動物行為。但從定義上來看，行為不只是針對動物而言，像某些植物的睡眠運動、捕蟲運動；還有大多數植物的向光性、向濕性等等，也都可算是廣義的行為，只是和動物比較起來，不管是刺激或反應都相對簡單許多。因此，本節只就動物族群來探討其常見的行為與成因。

一、動物行為的成因

　　研究動物行為的學者，通常把行為分成
「先天的行為」和「學習的行為」兩大類，這
兩種行為的成因和特質如下：

（一）先天的行為 (Innate Behavior)

　　先天的行為源自於遺傳，不受過去經驗所
影響，當刺激出現時，如果環境中有滿足其行
為的條件，則同種動物都會表現出同樣的行為
來。以蠶為例，如果有一條蠶從出生開始就被
單獨飼養，到它成熟時，只要環境中有可以用
來固定繭的支架，那它就可以結出一個完美的
繭來。所以，蠶吐絲結繭的行為是來自先天的
遺傳，不必學習，也不必經驗，只要時機成熟
它就可以自然的表現出來。而自然界中這類的
行為還有很多，像蜘蛛結網、鳥類築巢，以及
初生嬰兒的啼哭等，都是一種先天的行為（圖
3-7）。

圖3-7　先天的行為：蜘蛛結網是一
種不必學習，也不必經驗的先天行
為。（屏東‧墾丁）

（二）學習的行為 (Learned Behavior)

　　生物透過經驗累積而發展得到的行為是學習的行為，但有許多證
據顯示，學習的行為仍會受到基因的限制，譬如說，我們沒有辦法教
狗像人一樣一直用後肢走路，那是因為狗在先天上的骨骼和肌肉構造
就與人不同的緣故。不過，由於學習的行為具有相當程度的可變性，
所以對動物適應環境的需求來說，比先天的行為更有價值。至於「動
物如何學習？」這個問題，生物學家曾經提出下列這些解釋：

1. 習慣化

　　生物對環境中不斷重複的刺激，適應之後就不再給予反應，這是
所謂的習慣化。例如，在稻田中豎起一個稻草人，剛開始麻雀會被驚

嚇，但再過一段時間，麻雀對稻草人的存在習以為常後，它們就會照樣下田來偷吃稻子；另外像剛搬到鐵路附近居住的人，開始時他會被火車經過的聲音驚醒，但久了之後，他就會對火車的聲音聽而不聞，這就是習慣化。

2. 條件反射

用正向的鼓勵或負向的懲罰來加強或減弱某種反應，是為條件反射式的學習。例如在海洋公園裡表演的海豚，當它做完一個正確的動作後，在旁的指揮者就會給它一條魚做為鼓勵，所以海豚下次再聽到同樣的命令時，它就會樂意再表演同樣的動作。相反的，如果我們要修正某一種反應時，就可以用懲罰來處理，例如責打在室內隨意便溺的小狗便是。此種學習方式產生的行為會受到特定條件的引發，又稱為制約學習，1904 年諾貝爾生理學／醫學獎得主，俄羅斯生理學家伊凡·帕夫洛夫 (Ivan Pavlov) 發現，當他在每次餵食狗前發出固定某種聲音（例如鈴聲），經過一段時間以後，狗只要聽到鈴聲，消化液分泌量就會開始增加，就是被食物 (鈴聲) 制約產生的條件反射行為。

3. 嘗試錯誤

嘗試錯誤是指從錯誤的反應中去累積經驗而學得正確的行為。舉例來說，小孩子常常會不聽警告而去玩弄電源插座，但如果有一次觸電經驗後，他就會自行遠離電源了；另外，有些技術性的動作也是由嘗試錯誤發展出來的，像貓如何正確的捕捉到老鼠，人如何把球準確的投進籃框裡等等，都是此類的例子。

4. 銘記

銘記 (Imprinting) 是一種很特別的學習方式。1935 年知名的動物學家羅倫茲 (Konrad Lorenz) 發現：剛出生的小鵝對它看到的第一個會動的物體，會產生銘記的現象，此後一段時間內，小鵝會把這個會動的東西當作鵝媽媽而到處跟隨。譬如，假使你把自己的鞋子掛在剛孵化的一窩小鵝的頭上晃動，之後你穿上鞋子，小鵝就跟著你到處走動，這就是所謂的銘記學習。另外，有關鮭魚為何能夠千里迢迢的回到出

生地產卵這個問題，某些學者也認同「鮭魚對出生地的水質有銘記現象」的這個說法。不過，銘記行為大都只發生在出生後的某一小段特定時間而已。

5. 領悟

某些動物可以不依據經驗，也不必嘗試錯誤就可以表現出解決問題的反應。例如把一隻猩猩關在一個房間裡，屋頂上伸手不及的地方掛一串香蕉，另外在角落裡擺一些箱子。猩猩在觀察屋內狀況後，會把箱子堆疊起來而拿到香蕉，這就是領悟型的學習方式。

二、常見的動物行為

一般人對演化的印象都偏重在生理或形態上的改變，但事實上，演化也表現在行為上。因為一種對個體或族群不利的行為，可能導致個體或族群被環境所淘汰，所以這種行為也就沒有機會被保留下來。因此，現今所能看到的動物行為，即使一時無法解釋，但無論如何，對該種生物應該都是有利的才對。

動物行為的觀察與研究，是生態學中極為重要而精采的一環，只是各類行為的變異性實在太多，本節只能就動物族群中較有共通性的常見行為介紹如下：

（一）領域行為

動物為能充分獲得食物或確保其棲所的安全，會以個體或集團為單位占有一定的空間，並積極地驅逐或攻擊入侵的其他同種個體，這就是所謂的領域行為。

領域行為在哺乳類、鳥類、魚類等大部分脊椎動物都可看到，例如熊會用氣味來劃定勢力範圍，而鳥則用鳴叫聲來警告同類不要侵入。至於動物的領域到底要多大，則和物種特性及繁殖期有關。一般說來，繁殖期的領域行為會比平時表現得更強烈，而體形越大的動物，領域也相對較大，譬如熊要有 30~40 公里直徑的勢力範圍，而箭豬大約只要 1 公里左右就可以了。

（二）歸巢行為

動物建立其領域後，就會對它產生高度的依附性，尤其某些會築巢的動物，回到巢中幾乎是每日例行的事。有些歸巢行為的表現，人類還無法解釋，例如有人把狗或貓運送到很遠的地方去棄養，但一段時間後，它們竟然都順利的回來；還有人拿動物這種歸巢行為來做比賽的，像賽鴿就是。鴿子從南臺灣放飛回北部是常有的事，甚至從日本飛回臺灣也難不倒它們。

（三）遷徙行為

遷徙行為是動物為了適應溫度的變化，或為了覓食、繁殖的需求而表現出來的個體或集團的移動現象。有些動物的遷徙規模甚大，距離也很遠，因此是許多關心生態的人士所熱烈討論和研究的主題。至於這類的遷徙行為，依其不同的特性可分為下列五種：

1. 短程移動

在沙漠中的生物，為了避免被陽光直接曝曬，會隨著陰影而移動。還有水中的浮游生物、兩棲類、魚類等，也會因為日照、季節等因素而在水中規律的移動以尋覓溫度最適合的水域。這種移動有時可能幾公分，有時可能幾公尺，雖然距離不遠，但都算是一種遷徙行為。

2. 中程遷移

有些大型的陸生哺乳類，例如豹、鹿、熊等，它們春夏季節在高山上活動，但冬天來臨時，為了躲避低溫，就會往比較溫暖的山谷遷移，等到第二年春天來臨時再回到山頂去；分布在臺灣高海拔山區的臺灣朱雀，也會在冬季遷移到較溫暖的中低海拔山區度冬。還有東非的斑馬和牛羚，它們會因為追逐水草而定期的在馬拉河兩岸來回移動，這些都是典型的中程遷徙行為。

3. 長程遷徙

　　有些動物的遷徙距離可能有數千公里之遠，例如吸引無數賞鳥者眼光的候鳥遷徙即是。在臺灣，每年 10 月都有紅尾伯勞從西伯利亞過境恆春半島飛向菲律賓；而 10 月到隔年 4 月之間，更有舉世聞名的黑面琵鷺從北韓一帶移棲到臺南曾文溪口過冬，這些都是值得我們全心珍惜的生態之美（專題 3B）。舉世聞名的東非動物大遷徙，則是因應乾季，為了尋找水源而在坦尚尼亞到肯亞間作超過 3,000 公里的遷徙，也是屬於長程遷徙的一種。

4. 溯河產卵洄游

　　鮭魚在海洋中發育成熟後，不論多遠都會回到它出生的河流上游產卵，在逆流游回產卵場的途中，可能面對各種障礙和掠食者的威脅，是許多生態影片經常報導的題材。而鮭魚的受精卵孵化後，魚苗會順流進入海洋中成長，待五、六年後，它們又會再回到出生地產卵繁殖且代代如此，這種溯河產卵洄游也是遷徙行為的一種。

5. 入海產卵洄游

　　和鮭魚相反的，有些生物是在溪流裡成長，到成熟時才順流游入海裡產卵，這類型的遷徙行為叫做入海產卵洄游，例如臺灣的鱸鰻就是如此。鱸鰻的成長階段是在淡水溪流中度過的，等到性腺成熟時，才會在秋天的月夜游向幾千公里外的婆羅洲東部去產卵，而孵化後的幼鰻，會在冬至前後再回到它們父母親出發的河口來。

　　除了鰻魚有入海產卵習性外，臺灣還有一種特有生物—臺灣毛蟹（臺灣絨螯蟹）也是如此。臺灣毛蟹只生長在水質清澈的溪流中，等到成熟抱卵時，會在春季遷移到河口外的近海釋卵繁殖，而孵化後的稚蟹則在 6~8 月時溯河回到溪流裡。這種代代相傳，年復一年的生殖行為，是生態學上極具魅力的一種遷徙律動。

專題3B

黑面琵鷺

黑面琵鷺的學名是 *Patalea minor*，分類學上歸屬於鸛形目、䴉科、琵鷺屬，是一種中大型的水鳥，在臺灣又有撓杯、扁嘴、飯匙鵝或黑面仔等俗稱。外觀上，黑面琵鷺的身高約 75 公分左右，有一副先端扁平呈飯匙狀的黑色長喙，且由於嘴部的黑色範圍一直延伸到眼睛後方，所以才會有「黑面」之名。

生態習性方面，目前已知黑面琵鷺只分布在東亞地區，夏季在朝鮮半島西方及中國遼寧省沿海的幾個小島上產卵繁殖，一巢大約有 4 個蛋；冬季時則遠渡重洋南遷過冬，主要度冬地在臺灣、香港和越南，臺灣的曾文溪口是族群量最大的度冬棲息地。依據臺南鳥會的觀察報告，黑面琵鷺約從每年 10 月開始會以小群方式飛臨曾文溪口，到隔年 3、4 月才陸續離境，5 月中大概就已經全數返回繁殖地了。度冬期間，它們白天通常群集在主棲地休息，少部分時間做些覓食、整理羽毛或走動飛行等動作，傍晚時則會飛離主棲地到附近的魚塭、濕地覓食，所以算是一種夜行性的鳥類。

黑面琵鷺是全世界積極保護的瀕臨絕種生物，依據 1999 年調查，當時全球僅存 613 隻，而其中棲息在曾文溪口的數量就有 350 隻左右，可見臺灣生態是否可以妥善的維持，對這種珍貴水禽的絕續具有舉足輕重的影響。但由於黑面琵鷺的食物主要是以魚、蝦、貝類和兩棲類為主，是食物鏈的終端消費者，所以當環境不良時，它們很容易就受到傷害。例如 2002 年 12 月到 2003 年 1 月間，在臺灣過冬的黑面琵鷺連續發生因肉毒桿菌中毒而集體暴斃的事件，其死亡總數超過 70 隻之多，這對已極度面臨生存壓力的物種而言，無非是雪上加霜。所幸，由於政府及環保人士的共同努力，從臺南市七股區黑面琵鷺保護區設立以來，族群數量有逐漸增加的傾向，根據中華鳥會與國際合作發起的全球黑琵普查結果顯示，2022 年，全球黑面琵鷺數量已達到 6,162 隻，臺灣度冬族群高達 3,824 隻，這是臺灣在保育工作上的顯著成效。

圖3B-1　黑面琵鷺。黑面琵鷺是全世界共同保育的瀕臨絕種鳥類，每年有數百隻在臺灣曾文溪口過冬。（臺南・七股）

（四）社會行為

　　雖然有些動物是獨居的，但卻有更多的種類是以集團的方式在生態系中生活。促使動物形成集團的原因很多，例如候鳥會因為遷徙而集體活動，蛇類也會因為冬眠而聚集，但嚴格區分，這類短暫聚集的集團還稱不上是動物社會，因為它們沒有明顯的階級區分和分工制度。所以換個角度來說，所謂動物社會，就是具有組織和分工現象的動物集團，而在這集團中個體與個體間的交互作用，即是所謂的社會行為（圖3-8）。

圖3-8　社會行為：臺灣獼猴以家庭結構為基礎形成族群，個體間會以理毛的行為來增進彼此的關係。（臺北・木柵）

　　動物界中最被熟知的社會組織是蜜蜂和螞蟻。這類昆蟲的階級區分明顯，而且組織分工已達到有條不紊的程度。例如白蟻的社會組織，蟻后之下有生殖蟻、兵蟻及工蟻，生殖蟻負責交配繁殖、兵蟻負責禦敵、工蟻職司築巢、覓食，可見這類集團中所有的個體均有它明顯的社會責任。

　　哺乳類的社會組織則大多透過家庭結構來表現，例如臺灣獼猴和狒狒即是。生活在非洲大陸的狒狒，它們有時候是一隻雄狒狒帶領著幾隻雌狒狒和小狒狒形成一個家庭集團，但有時也會由好幾個家庭組成一個大聯盟，並且由其中的雄狒狒分別擔任搜尋、覓食、防禦等任務的領導者。這種大聯盟的社會生活方式，動物學家相信，不論對狒狒的整體族群，或對族群中的個體都是有利的。

　　也有些動物的社會組織是比較鬆散的，例如草原上的獅子是過著以家庭為單位的集團生活，而像斑馬、羚羊等草食性動物，在覓食時也會有警戒分工的社會行為表現。

（五）溝通行為

　　族群之間的個體互動，必須透過傳達訊息的行為來完成，尤其在組織嚴密的動物族群，溝通行為更是重要。至於動物傳達訊息的方法，綜合大部分動物行為研究者的結果，可分為下列三種方式：

1. 視覺的溝通

　　動物可以利用視覺上能夠分辨的動作、表情、顏色或姿勢變化來傳達訊息。例如蜜蜂會用跳圓形舞 (Round Dance) 或搖擺舞 (Wagging Dance) 的方式來告訴同伴蜜源的方向和距離；貓和狗用表情或姿勢來向同伴警告或示好；鳥類利用鮮豔的羽色作為求偶等都是視覺溝通的方式。另外，像螢火蟲及一些會發光的生物，可用光來顯示自己的位置，這也算是一種視覺的溝通。

2. 嗅覺的溝通

　　某些動物會釋放特殊的化學物質，以味道來傳達訊息。例如狗以尿液來標示其領域，螞蟻以所分泌的費洛蒙 (Pheromone) 來辨識同類等，皆是屬於嗅覺的溝通（專題 3C）。

🍃 專題3C

費洛蒙

　　費洛蒙 (Pheromone) 是生物為了達到某種目的而釋放出體外的化學分子，相對於荷爾蒙 (Hormone) 是由內分泌腺所分泌的內分泌激素，費洛蒙就是一種外分泌激素。

　　費洛蒙最早是在昆蟲身上發現的，到現在已鑑別出來的昆蟲費洛蒙已超過 1,000 種，功能上可歸類為性費洛蒙、警戒費洛蒙、聚集費洛蒙、招募費洛蒙以及死亡費洛蒙等。例如水青粉蝶的雌蝶剛羽化時，就會有雄蝶立即飛來和它完成交配，這是因為雌蝶一出蛹就釋放出性費洛蒙所產生的效果。而在其他生物身上，如囓齒類與哺乳類也都已有分泌費洛蒙的證據，甚至人類也可以藉助費洛蒙而相互影響。例如居住在一起或生活關係密切的幾名女性，她們的月經週期會因彼此汗液中的化學訊息而趨於同步，這就是費洛蒙在不知不覺中所發揮的作用。

　　人類是否也利用費洛蒙來達到吸引異性的目的，是許多人所好奇的問題。最近研究證實，男性會由身體的汗腺分泌女性費洛蒙醇 (estra-1,3,5(10)，16-tetraen-3-ol)；相對的，女性則會分泌男性費洛蒙酮 (androsta-4,16-dien-3-one)，這兩種化學分子都可對異性引發性反應。而接受這種性費洛蒙的受器是一個位在鼻腔內的小器官叫「犁鼻器」(Vomeronasal Organ)，但因為它不與眼、耳、舌、鼻、觸等五種感覺中樞相連接，所以又有「第六感官」之稱。

圖3C-1　水青粉蝶的雌蝶剛羽化時，就會釋放出性費洛蒙吸引雄蝶飛來和它完成交配。

3. 聽覺的溝通

動物以發出聲音的方式表達訊息，像人類的語言，就是這類溝通的極致表現。另外，鳥類、海豚、青蛙、蟋蟀、蝙蝠等等，也都是善於利用聽覺溝通的動物。

（六）自私行為

有句俗話說：「人不為己，天誅地滅。」從生態學的角度來解釋，意思是不自私的人就會被環境所淘汰。或許這句話運用在人類社會上有些爭議，但在動物族群中，個體會為維護自己的利益而表現出自私的行為卻是個不爭的事實。例如在狒狒、獅子的進食過程中，為了爭奪自己的食物而對同一集團的其他個體發動攻擊是常有的現象，而最具震撼性的自私行為，應該是雄獅的「殺嬰」行為了。

殺嬰行為曾經在長尾猴和非洲獅族群裡被發現。這兩種動物有一個共同的特點是，年輕成熟的雄性個體如果打敗年老的雄性時，就可完全接收對方原有的一群雌性配偶，之後，這隻新的領導者可能會殺害前任雄性所留下來的幼獸。依據動物行為學家解釋，這種殺嬰行為對新的領導者有二個好處：一是可以讓雌性提早發情而達到交配的目的；二是防止對手的基因傳承到更多的個體之上。可見，人類歷史上改朝換代時，前朝遺族被新帝王誅殺的悲劇，在動物界也同樣在發生的。

（七）利他行為

就種族延續的觀點來看，族群的利益應該高過個體的需求，所以，有些動物為了求取種族的生存，會表現出犧牲自己，但對其他同種個體有利的行為來。比如說，在蜜蜂的社會裡，工蜂是雌性的，但它們就放棄了生殖的權利，而且有時為了禦敵還要犧牲生命去叮刺入侵者，這就是維繫種族命脈的利他行為。

除了蜜蜂的特殊社會性外，所有動物的母愛行為都可算是利他行為的一種（圖3-9），像鴕鳥及一些在地上築巢的鴴科鳥類，它們會表現出一種「擬傷」行為來引開靠近幼雛的掠食者，還有雄螳螂在交配之後，犧牲自己做為雌螳螂的食物以使下一代能快速成長等都是（專題3D）。

（八）求偶行為

繁殖下一代是生物重要的生存目標，因為產下優秀的下一代是避免族群被環境淘汰的必要手段。所以，大多數動物在交配之前，會透過某些特殊的表現來爭取與異性交

圖3-9　利他行為：綠繡眼的親鳥以自己的身體替雛鳥擋住炙熱的陽光，是一種母愛式的利他行為。（基隆・經國學院）

專題3D

擬傷

有些鳥類的習性是把巢築在地面上，例如鴴科和鷸科的鳥類就是如此。平常由於它們的羽色灰褐且有斑點，所以伏臥在礫灘或沙地上孵卵或抱雛時並不容易被發現，但如果不幸有掠食者靠近時，親鳥就會用擬傷 (Distraction Display) 的行為來引開入侵者。

鴴科鳥類的擬傷行為通常有一些固定的特殊動作，例如低伏在地面上，一支翅膀貼地，另一支則高舉並間歇拍打地面製造聲響，或是展開雙翅拖地跳躍，看似雙翅受傷無法飛行的在地面掙扎逃命。這些動作的目的，無非就是要引起入侵者的注意，讓入侵者以為可以捕獲它而隨著它的方向追逐。當入侵者被它引開到夠遠的地方，它就會展翅高飛揚長而去，這種讓自己置於險境而冒險保護下一代的舉動，動物行為學者稱之為「擬傷」，是一種典型的利他行為。

配的機會，並且經由求偶過程，可以篩除掉弱勢的個體，而讓最好的基因延續下去。

不同的動物有不同的求偶表現，像雄鳥一般以鮮豔的羽色配合嘹亮的鳴聲來爭取異性，而蛾類等昆蟲則是由雌蟲散發出特殊的費洛蒙來吸引雄蟲；另外還有些求偶行為甚至有儀式化的傾向，譬如信天翁有模式化的求偶舞，慈鯛科魚類有連續性的炫耀、接吻、築巢動作等都是（圖3-10）。

和求偶行為直接相關的是動物的婚配制度。廣義的說，婚配制度包括雌雄識別、配偶數目、配對期限及育幼方法等。一般看來，動物界中除了鳥類和少數哺乳類外，大多以多配偶制中的一雄多雌型最多。以大角綿羊為例，在同一個生態區中即使有不少的雄羊，但由於領域劃分的限制，只能有少數幾隻奪得地盤而擁有與數隻雌羊交配的機會。這類型的配偶制度雖然看來似乎不公平，但對族群來說是有利的，因為在求偶過程中的打鬥行為，可以淘汰族群中衰老和病弱的基因，以便讓優秀的形質被大量保留下來；再者，就有限的資源來說，過度繁殖對族群的生存也有潛在性的危害。

至於配對時間可以維持多久方面，大多數動物都是在交配過或育幼任務完成之後就解除配偶關係，等到下一次繁殖季節再來時，彼此都可以重新選擇婚配對象；但在一雄多雌的婚配制度中，配偶關係的解除都是因為年老的雄獸被年輕力壯的新雄獸所取代的結果。

圖3-10　求偶行為：接吻的動作是慈鯛科魚類的求偶行為之一。（基隆・經國學院）

1. 生態系中的生物可分成三個層級：

    (1) 個體：單一生物體。

    (2) 族群：又稱種群，是指某段時間內，生活在同一區域內所有同種生物個體的集合。

    (3) 群落：又稱群聚，是指同一生態系內所有相互作用的生物族群總和。

2. 形成族群的原因有三種：主動的移動、被動的移動、生殖的需求或結果。

3. 族群的成長過程，可分為四個階段：正成長階段、對數成長階段、負成長階段、平衡階段。

4. 生物族群會受到競爭、死亡或不良環境因子的限制，使得族群的生物個體數只能在一定的範圍內變動而不會無限制的增長，這稱為「族群的調節」。

5. 族群的調節是經由三種作用所控制：種內調節、種間調節、非生物因子調節。

6. 因為受調節作用所影響，生物族群發展到平衡階段時，個體數會在一定的範圍內增減，此稱為「族群波動」。而依其與時間的關係，可以把族群波動分為規則型波動與不規則型波動兩種。

7. 評估族群的指標可分為六項：個體數量、族群密度、出生率、死亡率、年齡結構、性別比例。

8. 依據族群評估的結果，可預測族群未來的變化；再依變化的趨勢，可將族群歸類為成長族群、平衡族群、衰退族群三種。

9. 族群的個體在空間中的分布狀態可分為三種類型：均勻分布、隨機分布、成群分布。

10. 從時間的動態變化來看，族群會因為密度提高、環境改變、氣候變化等種種生存壓力，個體在空間中會出現「聚散變動」。

11. 族群的個體在空間中的聚散變動可分為下列三種：遷入、遷出與遷徙。

12. 族群利用空間的方式可分為「分散型利用」與「共用型利用」兩種

13. 生物受到刺激而表現出適當的反應就是所謂的行為。動物行為依其特質和成因可分為「先天的行為」和「學習的行為」兩大類。

14. 動物學習的方法有：習慣化、條件反射、嘗試錯誤、銘記、領悟。

15. 常見的動物行為有：領域行為、歸巢行為、遷徙行為、社會行為、溝通行為、自私行為、利他行為、求偶行為。

16. 動物的遷徙行為有：短程移動、中程遷移、長程遷徙、溯河產卵洄游、入海產卵洄游。

17. 動物的溝通方法有：視覺的溝通、嗅覺的溝通、聽覺的溝通。

( ) 1. 下列何者不是族群的成因？ (A) 主動的移動 (B) 共同的趨向 (C) 相互的排斥 (D) 生殖的需求或結果。

( ) 2. 以下對族群成長模式的敘述何者錯誤？ (A) 少數的生物個體被引進一個新環境後，數量緩慢增加，稱為正成長階段 (B) 對數成長階段是整個族群發展過程中成長最迅速的階段 (C) 個體數大量增加後，族群內的個體數變化，會呈現從巔峰狀態不明顯地緩慢下滑，稱為負成長階段 (D) 達到平衡階段時，族群與環境會保持一種穩定性的關係，個體數量不會顯著的增減，只是在一定的範圍內表現出波動的現象。

( ) 3. 下列對族群調節機制的描述何者正確？ (A) 只有自然生態系裡的族群會受到競爭、死亡或不良環境因子的限制，使得個體數只能在一定的範圍內變動而不可能無限制的增長 (B) 同種生物的個體，因為對環境的需求相同，所以在個體數增加時，彼此的競爭壓力會相對比不同種間的生物大 (C) 兩個以上不同物種的族群共存在一個生態系中時，可能受到競爭或捕食等不同的種間關係壓力而產生族群的調節，使個體數增加幅度受到限制 (D) 有些族群的增長與否和生物性因素關係不明顯，而是受非生物因子所影響。

( ) 4. 何者不是評估族群的指標？ (A) 體長分布 (B) 出生率 (C) 年齡結構 (D) 性別比例。

( ) 5. 依據族群未來的演變趨勢，可以把生物族群的狀態歸類，臺灣目前屬於哪一種族群？ (A) 平衡族群 (B) 衰退族群 (C) 成長族群 (D) 穩定族群。

( ) 6. 族群的個體在空間中的分布狀態可分成三種，同學到教室上課時，依據自己的喜好和要好的同學坐在一起，屬於哪一種類型？ (A) 均勻分布 (B) 隨機分布 (C) 成群分布 (D) 以上皆非。

( ) 7. 以下對動物行為成因的敘述何者錯誤？ (A) 先天的行為源自於遺傳，不受過去經驗所影響 (B) 先天的行為只要有滿足其行為的條件，同種動物

都會表現出同樣的行為　(C) 生物透過經驗累積而發展得到的行為是學習的行為　(D) 學習的行為不會受到基因的限制，只要努力都可以表現出相同的行為。

(　) 8. 何者不是動物學習行為時的機制？　(A) 條件反射　(B) 銘記　(C) 冥想　(D) 嘗試錯誤。

(　) 9. 以下對常見的動物行為的敘述何者錯誤？　(A) 繁殖期的領域行為會比平時表現得更強烈　(B) 鱸鰻洄游入海產卵是一種求偶行為　(C) 遷徙行為是動物為了適應溫度的變化，或為了覓食、繁殖的需求而表現出來的行為　(D) 螞蟻分泌費洛蒙來辨識同類屬於溝通行為。

(　) 10. 以下對常見的動物行為的敘述何者正確？　(A) 鳥類的擬傷行為是一種自私行為　(B) 蜜蜂工蜂失去繁殖能力是一種利他行為　(C) 信天翁的儀式性舞蹈是一種溝通行為　(D) 候鳥會因為遷徙而集體活動是一種社會行為。

1. 社會中有沒有主動族群與被動族群？

2. 蒐集資料討論臺灣候鳥的類別、遷徙原因及遷徙路線。

3. 以人為例討論哪些行為是先天的？哪些行為是經由學習得來的？

4. 討論自私行為與利他行為在個體與族群間的利害關係。

5. 觀察周圍的人一段時間後，討論人類如何去表現他的領域行為和求偶行為。

6. 討論人類如何運用視、聽、嗅覺等溝通方式。

MEMO:

CHAPTER 04

群落的構造與特質

 4-1 生物群落的通性

生物群落的概念開始於十八世紀對植物分布的研究，當時已發現：植物在自然界中的分布是有一定規律可循的；而動物學家也注意到：動物總是和其他幾種特定的族群共同構成一個穩定的聚集體。經過兩個世紀的研討與整合，目前大致認同所謂的生物群落就是「一生態區內所有生物族群的規律性組合」。但如果再進一步分析這些族群為何會在同一個區域內同時出現？目前可以確定的原因大概有兩個：第一，區域內的所有族群，都共同適應它們當時所處的非生物性環境。第二，族群與族群之間即使有相互制約的事實，但彼此之間卻正好都可維持在協調且平衡的狀態。簡而言之，生物群落意指在特定的時間、空間內，所有生物族群的組合。

至於生物群落所呈現出來的本質如何？綜合各相關論述，約可歸納出五項群落的通性。

一、生物群落必有多樣性的族群組合

生物群落固然有其名稱，但意義上只在突顯該區域內主要的生物族群而已，因為沒有任何族群會單獨存在，一個族群形成後，必然會有另一個族群伴隨而來。所以，在這種相引相成的連鎖作用下，群落內的族群最終會形成多樣性的組合態勢。舉例來說，如果有一片新生裸露的空地出現，首先會有地衣、苔蘚及草本植物開始著生；草原形成時，昆蟲及爬蟲類開始進駐；接著，灌木族群出現，鳥類、囓齒類伴隨而來，肉食性動物也接踵而至，一個具有多樣性族群的生物群落於是形成。

二、生物群落中的族群既適應環境也改變環境

生物族群在某一區域內定居下來，顯然該區域的環境適合其需求；但相對的，群落的出現也會改變區域內的環境狀況。例如，森林群落的出現，表示該地區有適合喬木生長的條件，但對其所存在的空間來說，其日照、濕度、溫度及生物分布情況也因森林的形成而改變。

三、生物群落中的族群必相互適應也彼此制衡

　　生存在同一空間內的生物族群或個體，必定要面對資源分配的問題，舉凡對領域、光能、營養的需求，都會有競爭性的關係。但如果從時間的發展來看，這類競爭、抗生甚或捕食關係，最終也都會達到彼此制衡、相互適應的階段。舉例來說，植物群落提供動物棲息和繁殖的場所，甚至也做為動物的食物來源，表面上看來似乎動物依附植物而生存，但從整個生態系統來看，動物與微生物的存在，也是整個營養循環的必要條件。另外，像蛇與青蛙間的捕食關係，初看青蛙是受害者，但對整個生態平衡來看，蛇是抑制青蛙過度繁殖的重要角色。所以，生物群落中的族群關係，基本上是相互適應也彼此制衡的。

四、生物群落必會有動態變化

　　生物群落從無到有，是一連串的演替過程，不僅長時間的變化會不斷發生族群重組，即使在短時間內，也有季節性或年度性的改變。例如，落葉闊葉林群落即使已經是演替過程中的巔峰階段，但在時間上仍然會有明顯的四季變化。

五、生物群落之間不一定會有明顯的邊界

　　生物群落究竟有沒有邊界曾經被熱烈的討論，有些學者認為群落與群落之間是不連續的，彼此之間有清楚的界線；但有另一派學者卻主張群落之間存在著「過渡帶」。不過，有越來越多的證據可以證明：「生物群落究竟有沒有明顯的邊界，是依據環境特性來決定的」。例如，在陸地與湖泊或海洋群落之間存在著明顯邊界是一個不爭的事實；但在同一片緩坡上，因為高度所造成的林相變化，卻有過渡帶存在。所以，折衷的說，群落之間確實可以區分，只是其界線可能是明顯的線狀邊界，但也可能是帶狀的模糊區域（圖 4-1）。

圖4-1 群落界線的形態。

(a) 陸地群落與海洋群落以不連續的形式相鄰，有明顯的群落界線。（宜蘭‧南澳）

(b) 高山草原群落和針葉林群落之間沒有明顯的界線，兩群落間有一段區域的族群交錯生長而形成過渡帶。（合歡山‧克難關）

4-2 植物群落的構造及其相關特質

有關生態系中植物群落的構造與特質，可以從族群組合、空間分布與時間演替等三個面向來剖析：

一、植物群落的族群組合

由於地球上的植物種類繁多，再加上氣候、地理等環境因素影響，不同地理區的植物群落，各具有不同的特質與複雜性。而若要對植物群落內部的族群組合做進一步分析，依各族群之數量、體積、生產量，以及對整個植物群落的影響程度，可將之區分為優勢族群、伴生族群及稀有族群三種。

（一）優勢族群

是群落中數量、體積及影響性都最大的族群，但在整個群落構造中，優勢族群不一定是單一品種，例如許多熱帶雨林中往往有多個優勢族群同時存在，而臺灣低海拔次生林的過渡階段，也經常由血桐、山黃麻、紅楠等共同扮演群落中的優勢族群。

（二）伴生族群

植物群落除了優勢族群外，通常還有更多物種伴隨出現，雖然它們的數量與作用並沒有決定性的影響，但在整個群落構造上，仍有其一定的比例。例如臺灣低海拔次生林內，筆筒樹、月桃、姑婆芋等都是經常可見的伴生族群。

（三）稀有族群

某些數量稀少的族群會偶然出現在植物群落裡。其原因可能是由外力不經意的引入或侵入，也可能是一些衰退中的殘留品種。例如基隆地區的鐘萼木即是。

二、植物群落的空間分布

植物群落由於光照梯度、水分多寡、土壤特性等影響，在空間分布上會有分層或分區的現象，這不但在小區域的植物群落構造中可以明顯察覺，即使就全球的角度來看，植物在地球上的分布也有明顯的軌跡可循。

（一）植物群落的垂直構造

從植物群落的外貌來看，主要受光照梯度影響，在空間分布上會有垂直變化的情形，在學理上這稱之為「分層現象」(Stratification)。雖然，某些植物群落的垂直構造因為樹體參差、層間交錯，所以不見得可以用目視看出群落內的分層界線，但如果以分層現象最複雜的熱帶雨林群落為例，整座森林的垂直構造可分為喬木層、灌木層、草本層、地面層、地下層及層間植物（圖 4-2）等，分述如下：

1. 喬木層 (Tree Stratum)

是由群落中長得最高的一些喬木所組成，它們通常也是優勢族群，由於它們的枝葉可以在森林的最上層充分發展形成「林冠」，因此占有最多的光照資源。

2. 灌木層 (Shrub Stratum)

喬木層之下，有一些適應弱光條件的灌木族群，它們大約只利用光照資源的 10% 就可以順利發展。

3. 草本層 (Herbaceous Stratum)

陽光穿透喬木層和灌木層之後，大約只剩 5% 以下的餘光供草本植物生長，所以在樹林下大都只有一些耐陰性的草本植物和低矮的蕨類生存其中，構成地面上的草本層。

4. 地面層 (Floor Stratum)

在地面以上三層植物的遮蔽下，森林的地面環境是一個光照極弱，濕度很高的狀況，能在這種條件下生存下來的，大多是一些蘚苔類及蕈類等生物。

5. 地下層 (Subterranean Stratum)

地面以下是被植物的根所盤據的區域，某些喬木的根可以深達地下三公尺之處；而靠近地面的腐植土部分，則有一些儲藏根或地下莖分布其間，也是某些動物族群的藏身處所。

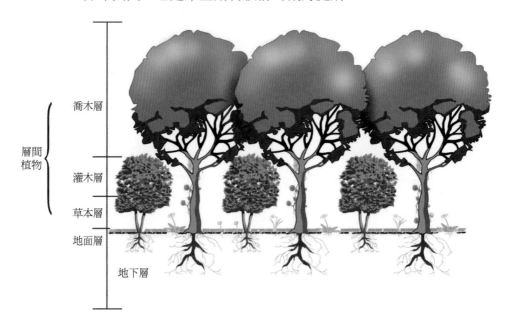

圖4-2　熱帶雨林的垂直分層示意圖：熱帶雨林群落具有複雜的分層現象，由上而下可分為喬木層、灌木層、草本層、地面層及地下層，而且在地面以上各層之間，大都還有層間植物附生其中。

6. 層間植物

植物群落除了上述五層垂直構造外，還有一些附生性的蕨類、藤類等會依附在各層植物之上，這是所謂的層間植物。雖然，在構造上它們並沒有專屬的層次，但在整個林相的表現上也是相當重要的（圖4-2）。

（二）植物群落的水平構造

植物群落的水平構造是指各種族群在平面上的分布狀況。一般看來，大部分的植物種類都會因為適應局部環境的土壤、濕度、光影等因素而形成小形的叢集，例如在次生裸原演替的草本期，向陽處大多被大花咸豐草所盤據，陰濕處則有姑婆芋、蕨類等；另外像海岸林群落，迎風面和背風面的植物族群也有明顯不同，這些都是植物族群因應環境條件而形成的平面分布差異。

三、植物群落的演替

生物群落的發展，自始至終都一直在改變其內部的族群組成，而整個過程中，新群落不斷取代舊群落的交替現象稱為「演替」(Succession)。

（一）植物群落演替的過程

一片尚未有任何植物著生的地段稱為「裸原」。裸原依其出現時的狀況又分為「原生裸原」與「次生裸原」兩種。所謂原生裸原，是指土壤中完全沒有種籽、繁殖體的新生地；而次生裸原則是地表上雖沒有植被，但土壤中卻有等待發芽的種子或地下根莖存在，例如火災後的焦土即是。

從裸原一出現，植物群落的演替就已悄悄上演。也許，要發展到最終的穩定平衡階段，可能要數十年或數百年之久，但如果從群落的組成特性來看，基本的植物群落演替過程可分為先鋒時期、過渡時期、巔峰時期三階段。以下就用森林群落的演替過程為例來說明這三階段的族群變化。

1. 先鋒時期 (Pioneer Stage)

裸原出現後,最初會有地衣、蘚苔植物等著生,接著草本植物的種子開始發芽成長,初期的地面植被於是形成。

2. 過渡時期 (Intermediate Stage)

從初期植被形成,到整個森林群落發展成熟之間都稱為過渡期。其中包括草本期、灌木期、喬木期等演替階段。

3. 巔峰時期 (Climax Stage)

植物群落發展到最後階段,族群與族群間,以及族群與環境間會保持在一種動態平衡的狀況,而且優勢族群、伴生族群的角色也趨於穩定而明顯,這即是所謂的巔峰時期。巔峰時期除非發生重大的環境災變或人為破壞,否則可以長遠維持,而這時期的群落即稱做「巔峰群落」(Climax Community)(圖 4-3)。

(二)植物群落的演替類型

植物群落的發展過程已如前述,有些學理上的研究,把植物群落演替的過程又區分為許多類型:例如依據最初裸原的性質,可分為原生演替 (Primary Succession) 與次生演替 (Secondary Succession);而若依據演替開始時之基底特性,則可分為水生演替 (Hydrarch Succession) 與旱生演替 (Xerarch Succession)。分述於下:

1. 原生演替

從原生裸原開始,植物必須藉由外力引入種子或其他繁殖體後,才能出現先鋒群落的演替方式。

圖4-3　巔峰群落:植物群落演群替到最終階段,會形成茂盛而穩定的喬木林巔峰群落。(中橫・綠水)

2. 次生演替

　　從火災後或採伐後的次生裸原開始，植物從土壤中的種子或根莖繁殖體萌芽而開始出現先鋒群落的演替方式。

3. 旱生演替

　　演替從陸地裸原開始，經歷下列階段而發展成巔峰群落：

(1) 地衣期：裸原初現時，由於濕度、溫度的變化極大，只適合一些菌藻共生的地衣生長。這是旱生演替中的先鋒時期。

(2) 苔蘚期：地衣期之後，在一些含有少量沙土的地方，會有土馬鬃、地錢等苔蘚植物開始著生。由於該類植物有蓄積風砂並分解岩石表面的作用，於是泥土深度將與日俱增。

(3) 草本期：當地表有一些泥土堆積時，外來的植物種子便有萌芽生長的機會。由於草本植物的擴散性較強、生長期短，所以剛開始的時候會有一段以草本植物為主要族群的草本期。

(4) 灌木期：草本期維持一段時間後，因為灌木植物逐漸成長而遮蔽了草本植物的光源，於是草本植物逐漸衰退而被灌木所取代。

(5) 盛林期：隨著地表腐植土越來越多，生長期最長的喬木跟著嶄露頭角，灌木終也不敵喬木的競爭而退居次要地位。所以旱生演替的最後結果，是以茂盛的森林巔峰群落呈現。

4. 水生演替

　　演替從湖泊或池塘等水域基底開始，經歷下列階段後，最終還是會發展成陸生木本植物群落：

(1) 沉水植物期：水深超過五公尺的水域，植物的根著生在底泥，莖葉也沉在水裡。這時候的水質一般都比較清澈，植物分布量也不多，是演替過程中的先鋒時期。

(2) 浮葉植物期：沉水植物死亡後，腐爛的殘骸堆積在基底上而使水域變淺。接著會出現根部長在底泥，葉片漂浮在水面的浮葉植物（如菱角、蓮）取代原有的沉水植物而變成群落中的優勢族群（圖4-4）。

(3) 挺水植物期：由於浮葉植物具有蓄積水中泥沙的能力，所以水域會迅速變淺，當水深不及一公尺時，根部長在底泥，莖葉挺立出水面的挺水植物（如蘆葦、蒹草、荷花等）便取代了浮葉植物，使得水域變成沼澤的型態（圖4-5）。

(4) 濕生植物期：沼澤地形受到蒸散及淤積作用的影響而改變成土壤含水量甚高的濕地。這時候會有喜水的禾本科植物取代挺水植物（圖4-6）；接著就有抗淹性較強的楊樹、柳樹、紅樹等將沼澤慢慢轉變成陸地（圖4-7）。

圖4-4 浮葉植物期：水生演替的第二階段會出現根部長在底泥，葉片漂浮在水面的浮葉植物，如睡蓮就是一種浮葉植物。（臺北‧木柵）

圖4-5 挺水植物期：水生演替的第三階段水域變淺，根長在底泥，莖葉挺立出水面的挺水植物取代浮葉植物，如荷花即是挺水植物的一種。（宜蘭‧羅東）

圖4-6 濕生植物期：當水域淤淺成沼澤，喜水的禾本科植物會取代挺水植物而進入濕生植物期。（墾丁‧龍鑾潭）

圖4-7 水生演替的最終階段，抗淹性較強的樹種著生在沼澤邊緣，沼澤慢慢轉變成陸地後開始進入旱生演替階段。圖中的植物為欖李，是構成紅樹林的樹種之一。（臺南‧後港）

(5) 旱生演替期：濕地隨著地下水位的下降而變成一般的陸地，適合於含水量高的族群逐漸被淘汰，接著便是陸生植物依序上場的旱生演替過程，原來的水域生態逐漸消失，當灌木、喬木大量繁殖，整個環境就變成陸生生物的天下，最終一樣是發展成顛峰狀態的盛林期。

（三）植物群落演替的原因

為什麼群落裡的族群會不斷的替換，其中所牽涉的因素極為複雜，目前所知：演替應是群落內種間關係以及環境條件變化所造成的結果。而綜合一些群落研究的結論，導致群落演替的原因約可歸納如下：

1. 族群繁殖體的擴散

植物會藉由孢子、種籽或根莖等繁殖體來增加其個體數，如果繁殖體離開母株一段距離後順利發芽成長，對族群的定居或擴張都有助益。像演替最開始的時候，就是某些前驅植物的繁殖體在一片新生地上落地生根的結果。

2. 種內及種間的競爭

競爭的壓力既來自他種也來自同種。例如同種植物的族群密度提高時，因為對環境的需求一致，所以不見得會長期維持良好的生長，而這時候若再有競爭力更強的新族群出現時，舊族群就很容易被取代。

3. 群落的內環境變化

由於演替過程中，群落內的環境是不斷在改變的，所以其內的族群組合也就隨之更換。例如，森林群落發展過程中，在喬木層尚未成熟前，原來是由一些向陽性的植物占優勢，但當喬木層的林冠出現後，基於光照條件的改變，向陽性植物就會被耐陰性植物所取代。

4. 群落的外環境變化

群落外的環境變化也是造成族群替換的原因。例如氣候所造成的溫度、水分改變，會引發群落內部的族群關係重新調整，而火災、人為開發，更可能嚴重的改變植物群落原有的面貌。

四、植物群落的週期性變化

植物群落因應季節變化所呈現的不同外貌稱為「季相」。其原因是光照、濕度、溫度等環境條件改變，刺激植物體產生配合性生理變化的結果。因此，在不同的地區有不同的季節週期，植物群落也就有不同的週期性變化。

在溫帶落葉林地區，是季相變化最豐富的區域。例如溫帶落葉闊葉林群落，由於多數喬木會隨季節而抽芽、茂盛、變色、落葉，故其四季的季相變化十分鮮明；還有某些溫帶草原群落，因為其組成族群複雜，一年當中出現五次以上週期性外貌更替的也有之。

在熱帶地區的植物群落，由於大都是以常綠喬木所組成，所以季相變化不如溫帶群落那樣明顯，一般只有在花期或非花期、以及乾季或雨季上出現些微變化。至於寒帶植物群落，一年當中有 6~9 個月被大雪覆蓋，植物必須在有限的溶雪期間抽芽成長，所以群落的外貌變化也就相對的迅速而短暫。

五、全球主要植物群落的分布

地球表面由於日照角度的影響，不同的區域有不同的氣候條件，這種差別會造成植物群落依循緯度變化而出現大區域性的分布變化。一般來說，從赤道開始，每向南或向北移動一個緯度（約 110 公里），平均氣溫就下降約 0.5~0.7，所以如果捨棄一些局部性的地形差異，從全球的角度來分析植物群落的分布，就會發現「植物群落類型是和緯度直接相關」。以北半球為例，從赤道向北到北極之間，大概可以區分出下列七種類型的主要植物群落：

（一）熱帶雨林及熱帶季雨林 (Tropical Rain Forest and
Tropical Deciduous Forest)

　　雨林群落分布在赤道兩側，終年平均氣溫在 26°C 以上，年降雨
量 2,500~4,500 公釐。如果降雨量全年平均的地區是為「熱帶雨林」；
若有明顯的乾、雨季區分者則是「熱帶季雨林」（圖 4-8）。

圖4-8　熱帶雨林：熱帶雨林因為構成的樹種繁多，垂直分層
豐富，林相最茂盛。（馬來西亞・亞庇）

　　雨林群落對全球的氧氣與二氧化碳循環扮演極重要的角色，目前
仍有大面積雨林分布的地區是：南美亞馬遜盆地、非洲剛果盆地、東
南亞列島，不過三者都同樣面臨人為破壞的威脅，面積也正逐年減少
中。

　　構成雨林群落的植物種類繁多，例如馬來半島一地就有 9,000 種
以上的喬木，而更大面積的雨林甚至多過 4 萬種。熱帶雨林植物終年
都可生長，所以沒有明顯的季節變化；季雨林在乾季時，部分喬木會
落葉，但下層常綠樹種仍可維持雨林茂盛的景象。有許多高經濟性植
物都生長在熱帶雨林區，例如橡膠、咖啡、可可、金雞納等都是。從
某方面來說，它是一個蘊藏豐富資源的植物群落，但也正因為如此，
所以無法避免被開發和破壞的命運。

（二）熱帶草原及沙漠 (Savannah and Desert)

地球上大面積的熱帶草原分布在南美、澳洲及東非等地。這些地區的年平均降雨量雖有約 1,250 公釐，但由於漫長而明顯的乾季阻礙森林的生長，只能形成草原群落（圖 4-9）；而一些更乾旱的地區，如果年雨量低於 250 公釐時，則就形成熱帶沙漠，像撒哈拉沙漠即是。

熱帶草原的氣候條件是溫度高、蒸散作用旺盛，所以只能生長一些抗旱性強且耐高溫的草本植物；而沙漠地區，仙人掌科植物則是主要的代表族群。

（三）亞熱帶常綠闊葉林 (Broadleaved Evergreen Subtropical)

亞熱帶常綠闊葉林分布在北緯 22~44 度一帶的季風氣候區。該區域的年平均氣溫在 16~18°C 之間，春秋溫和，夏季多雨炎熱，冬季略寒；年降雨量約 1,000~1,500 公釐。

圖4-9　熱帶草原：熱帶地區的降雨量即使有1,250公釐，但如果有明顯的乾季阻礙森林生長，就只能形成熱帶草原群落。（肯亞・Marsai Mara）

圖4-10　亞熱帶常綠闊葉林：臺灣的低海拔地區都屬亞熱帶常綠闊葉林，構成樹種以具有寬大葉面的常綠喬木為主。（基隆・外木山）

常綠闊葉林的垂直構造分明，有較清楚的分層現象，族群組合比熱帶雨林簡單一些（圖4-10）。但由於這是地球上人口密度較高的區域，所以平原地區的常綠闊葉林大都被開發為農業生產區。

（四）溫帶落葉闊葉林 (Temperate Deciduous Forest)

溫帶落葉闊葉林分布在北美東部、歐洲陸地及部分溫帶區域，年平均氣溫在 8~14°C 之間，但冬夏季溫差大，冬季約 -3~-2°C，夏季卻可熱到 24~28°C。年降雨量約 500~1,000 公釐。

由於四季溫差大，氣候條件變化明顯，所以落葉林地區的季相十分清楚。樹木在春季抽芽生長，夏季最為茂盛，秋初樹葉普遍轉紅或轉黃，秋末即凋零落地，入冬後，地面便被大雪覆蓋。中國華北一帶、加拿大、日本北海道等，就是屬於這類型的群落（圖4-11）（專題4A）。

圖4-11　溫帶落葉闊葉林：溫帶地區因為四季溫差大，氣候條件變化明顯，所以形成季相分明的溫帶落葉闊葉林。（日本・長野）

（五）溫帶草原 (Temperate Grassland)

　　溫帶草原分布在南北半球的中緯度地區，如北美大草原、南美草原，以及中國東北、西北草原等地。該類地區距離海洋較遠，春夏期間水氣不足，年雨量只在 250~750 公釐之間，但由於氣溫不高，蒸散作用較小，所以還能形成低矮的耐旱型草原群落（圖 4-12）。

圖4-12　溫帶草原：離海較遠、雨量較少的溫帶地區，因蒸散作用較小，可以形成耐旱型草原群落。（中國‧新疆）

（六）北方針葉林 (Coniferous Forest)

　　北方針葉林分布在北半球高緯度地區，平均氣溫在 0°C 以下，夏季約僅一個月，最熱時約 15~22°C，年雨量在 400~500 公釐之間，大都集中在夏季。

　　針葉林的組成簡單，大都只有幾種耐寒性的喬木樹種，如松、杉等。由於整個林相整齊，樹幹也都粗直，是良好的木材資源，全世界有一半以上的木材產量是採伐自針葉林群落（圖 4-13）。

圖4-13　北方針葉林：針葉林大多只由幾種喬木組成，林相
整齊，冬天則被大雪覆蓋。（加拿大）

（七）凍原 (Tundra)

　　凍原又稱苔原，位置在靠近北極的西伯利亞、阿拉斯加及加拿大
等地。本地區終年冰封，只有少數地衣、苔蘚及低矮耐寒的木本植物
生長其間，6月溫度稍暖，是生物短暫的成長期。

🍃 專題4A

臺灣的楓葉為何不紅

　　臺灣的秋天，葉子會變紅而且是掌狀裂葉的植物大概有「楓香」(*Liquidambar formosana Hance*) 和「青楓」(*Acer serrulatum Hayata*) 兩種。由於古籍上文字記載的混淆，以及命名翻譯上的陰錯陽差，所以有許多人弄不清楚「楓香」、「楓樹」、「槭樹」到底有何異同。

　　「楓香」和「楓樹」是兩種不同的植物，楓香在生物分類學上是屬於金縷梅科、*Liquidambar* 屬，目前發現本屬植物只有 4 種，主要分布在長江以南；而全世界楓樹屬 (*Acer*) 的植物卻有 150 種之多，中國大陸就有 70 種之多，分布範圍則從黃河流域到南方各省都有。

　　中國許多古典文學作品都曾將楓紅形容得如詩如畫，例如杜甫的「赤葉楓林百舌鳴，黃花野岸天雞舞」；杜牧的「停車坐愛楓林晚，霜葉紅於二月花」。如果依據植物地理學來推論，詩人筆下的紅葉，應該就是自古即生長在黃河流域的楓樹屬 (*Acer*) 植物而非楓香才對。

　　如何分辨金縷梅科的「楓香」和楓樹科的「楓樹」可以從形態學上來判定，楓香的葉片是交錯生長在莖上的，是植物學上所稱的「互生」，而楓樹則是兩兩成對長在莖上，是所謂的「對生」。另外，它們的果實也有明顯的不同，楓香的果實由許多蒴果聚合成海膽狀，而楓樹則是一個「人」字形長著翅膀的翅果。楓香的葉片揉碎後會有香氣，葉紅素較少，變色之後顯得枯黃稀疏且很快就會掉落，但楓樹的葉紅素就甚濃且落葉較慢，比較能顯現出滿山遍野的紅葉景象，由此也可以推測古代詩人筆下的楓紅應該是指「楓樹」而不是「楓香」。

　　近代有些書籍把分類學上楓樹所屬的科名 *Aceraceae* 翻譯為「槭樹科」、*Acer* 翻譯為「槭屬」（槭的正確發音是「促」或「足」），結果把中國叫了幾千年的「楓樹」變成了「槭樹」。據臺大植物學教授李學勇詳加考證（楓樹與楓香辨正，中華林學季刊 ,18(3): 9303, 1985），發現這個錯誤起源於日籍植物學家翻譯本草綱目時，將中國的楓樹誤認為是「槭」，從此槭樹之名便以假亂真的過了 200 年。

圖4A-1　楓香與楓樹的葉序。

　　　　(a) 楓香的葉片交錯生長在莖上，是植物學上所稱的「共生」。

　　　　(b) 楓樹的葉片是兩兩成對在莖上，是所謂的「對生」。

圖4A-2　楓香與楓樹的果實。

(a) 楓香的果實由許多蒴果聚合成海膽狀。

(b) 楓葉的果實是一個「人」字形長著翅膀的翅果。

　　或許對只是賞楓紅的人來說名字並不重要，尤其是槭樹的名稱既然有誤，那秋天會變紅的掌狀裂葉反正不是楓香就是楓樹，所以「賞楓」一詞應該不會有錯。只是臺灣的楓葉為何沒有加拿大或北海道的紅呢？這應該可以從以下兩個原因來解釋：一是臺灣種的大多是楓香，秋天樹葉變色時本來就沒有楓樹那麼豔紅而持久；二是臺灣屬亞熱帶，日夜溫差不像溫帶那麼大。所以想要看到滿山遍野的紅葉，就必須看當年的天氣是否能夠配合了。

4-3　動物群落的構造及其相關特質

　　動物群落的出現或變化，與其棲息地有絕對的相關性，因此，在陸地上不同的植物群落，就會有不一樣的動物活動其間。此外，在海洋、湖泊、河流等水域，也有適應各種水生條件的動物群落分布。以下也一樣從族群組合、空間分布與時間演替等三個面向來介紹有關動物群落的構造與特質。

一、動物群落的族群組合

生態區的動物群落，如果依據動物地理學的分類方法，可以把動物族群區分為「原生種」、「特有種」、「外來種」及「歸化種」四類。

（一）原生種

指發源於該地區或因自然散布而一直棲息其間的動物族群。例如白鰻、鱸鰻、斑龜、黑鳳蝶等一直都分布在日本、韓國、中國、臺灣等地，所以對臺灣這個生態區域來說，即是所謂的「原生種」（圖4-14）。

（二）特有種

只有在該地區才可以發現的動物族群稱為「特有種」。以臺灣為例，臺灣的特有種甚為豐富，如臺灣藍鵲、烏頭翁、阿里山龜殼花、臺灣獼猴等即是，而臺灣黑熊、白頭翁、櫻花鉤吻鮭、臺灣紋白蝶等則是特有亞種（圖4-15）。

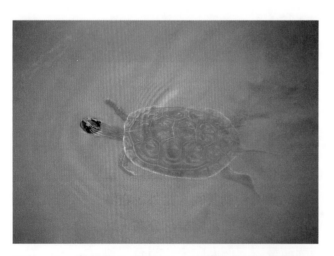

圖4-14　臺灣原生種動物：斑龜是臺灣爬蟲類中的原生種。頭部兩側的綠色斑紋是它的主要特徵。（陽明山國家公園）

圖4-15　臺灣的特有種哺乳類：臺灣獼猴。（臺北‧木柵）

（三）外來種

　　由於人為因素，某些動物族群會從原分布區以外的地方遷移進來定居，這是所謂的「外來種」。外來種生物被引進的初期，往往因為新的生態系中沒有天敵而大量繁殖，使得原有的族群組合失去平衡，例如川七（圖4-16），以及近年被引進臺灣當觀賞魚但被棄養而大量繁殖的枇杷鼠即是。外來種如果造成人類健康、經濟或生態上的危害，則會被歸為入侵種，列入優先防治移除的對象，例如埃及聖鹮及綠鬣蜥（專題4B）。

圖4-16　臺灣的外來種植物：川七是臺灣的外來種植物，由於目前還沒有昆蟲會利用它，因此往往大量蔓延在其他植物之上而造成傷害。（基隆・外木山）

（四）歸化種

　　外來種引進後，經過數十年甚至更久的時間，如果能夠融入新的生態系中，與其他物種建立「利用與被利用」的關係，就是所謂的「歸化種」。例如草魚、鰱魚原產於中國，非洲大蝸牛、吳郭魚原產於非洲，但被引進臺灣數十年後，逐漸融入臺灣的生態體系，就變成臺灣的歸化種（專題4C）。

專題4B

埃及聖䴉—埃及神話智慧之神落難臺灣

埃及聖䴉在埃及神話中被視為法術與智慧之神「托特 Thoth」的化身，在古埃及文中可見到人身䴉首的象形文字，考古學家在一些古埃及大型墓地中發現許多埃及聖䴉木乃伊，推論為西元前 650~250 年之間，古埃及人獻祭給托特用來祈求健康、長壽，甚至解決感情問題。

埃及聖䴉為鵜形目，䴉科的大型鳥類，翼展約 112~124 公分，羽色除尾端黑色外，全身大體為白色，但從頸部到頭頂則為無羽毛覆蓋的黑色裸露皮膚，搭配上彎曲的長嘴，造型頗為特殊。原分布於非洲尼羅河流域，但因原生棲地破壞，目前在埃及已被列為瀕危的鳥種。

圖4B-1　埃及聖䴉成鳥，嘴長而下彎，頭及頸部為黑色裸露皮膚無羽毛，飛羽末端黑色。攝於大甲溪出海口北岸。

臺灣早年因觀賞的目的引入埃及聖䴉飼養於各動物園中，後不慎逃逸，逐漸適應野外環境而逐漸繁衍擴散，1984 年，在關渡發現到第一筆野外紀錄，之後族群逐年增加至將近萬隻，並擴散至臺灣西部各地，造成與原生鷺鷥科鳥類的食物與棲息空間競爭，且因其築巢時會將樹頂枝葉拔光而對海岸防風林產生危害。

林務局在 2013 年起開始進行埃及聖䴉防治工作，從早期透過將卵及幼鳥移除以減緩繁殖成功率的方式，到後期招募原住民獵人採用獵槍移除以直接降低族群數量，經過近 10 年的努力，終於將全臺數量降至 2,000 隻以內。

雖然對外來入侵種進行嚴格的防治工作，但所有的生物都是無辜的生命，入侵種本身並沒有錯，移除是在考量整體生態後不得已的作為，因此在執行移除的過程中，必須抱持尊重生命的精神，並以人道的方式來執行。

🌿 專題4C

吳郭魚的引進與影響

　　吳郭魚是慈鯛科的熱帶魚類，原產於非洲，但現在卻變成我們餐桌上經常可以吃到的淡水魚，這樣的改變，其實是綜合了人工品種改良與生物適應調節的結果。

　　吳郭魚是在 1947 年時，由吳振輝及郭哲彰二位先生首度自新加坡引進臺灣試養，當時稱為「南洋鯽」，後來為了紀念這兩位引進人士的功勞，才改名為「吳郭魚」。第一代的吳郭魚對臺灣冬天的低溫適應力很差，大約 12℃就會凍死，而且成熟得早，體形很小就開始發情產卵，所以在人工養殖池裡的飼養成果並不理想，並沒有立即獲得漁民的青睞。

　　為了尋找長得更快、收成更好的養殖魚類，臺灣之後又由學術單位和研究機構先後引進其他五種吳郭魚，現在人工養殖的品種就是經過改良的雜交種，所以漁民以「福壽魚」來稱呼它。但這些先後來到臺灣的吳郭魚，有些被漁民棄養，有些逃出人工養殖環境，到現在幾乎是以王者之姿在臺灣各個自然水域落地生根，這種由外界引進但卻成功定居下來的生物，在生態學上稱為「歸化種」。

　　吳郭魚對不良環境有高度的忍受力，即使汙濁的水質對它們也不構成威脅，而且它們有「口孵」的生殖行為，雌魚會把受精卵含在口中孵化，並且一直保護仔魚到可以獨立生存為止，因此臺灣原有的鯽魚、鯉魚都敵不過它們而失去競爭上的優勢。不過吳郭魚有一個最大的弱點是它們不能忍受低溫，所以早期常在冬天的寒流中凍死，但它們並沒有因此消失的原因，是那些沒被凍死的殘存個體會把耐寒基因傳給下一代，下一代沒被凍死的再傳給下一代，就這樣一代一代的淘汰和適應，吳郭魚在幾十年之間已經遍布臺灣的大河小溪，即使冬天較冷的北臺灣水域也被它們攻占了。

　　有些堅持維護原有生態觀點的人，對吳郭魚衝擊臺灣本土生態頗有微詞，且因為它們有挖掘底泥築巢的習性，所以對水生植物的生長環境的確具有相當程度的破壞性。但反過來說，吳郭魚幾十年來提供臺灣民眾廉價而新鮮的動物蛋白，

並且在水產品外銷上屢創佳績,甚至有部分學者認為,吳郭魚在人類未來的蛋白質來源上將扮演更重要的角色。因此,吳郭魚在臺灣的功過究竟如何,應該不是三言兩語就可以定案的。

圖4C-1　吳郭魚對不良環境有高度的忍受力,即使汙濁的水質對它們也不構成威脅。

圖4C-2　經過改良的雜交種吳郭魚又稱為「福壽魚」,對臺灣的經濟成長及營養來源都深具貢獻。

二、動物群落的空間分布

動物群落大多依附著植物群落而存在，因此在空間分布上也有分層或分區的現象，這在森林或海洋中尤其明顯，而從全球的角度來看，動物群落的分布和全球植物群落分布也具有明顯的關係。

（一）動物群落的垂直構造

在一個生態空間中，如果提供給動物的生存條件有垂直性差異，那在族群分布上就會有所不同。例如在海洋或湖泊裡，不同的深度有不同的溫度和光照條件；森林群落裡，不同的分層提供不同的食物和棲所，因此動物族群也就會隨之產生垂直性的分布變化。以鳥類在森林中的分布為例，白頭翁、烏頭翁經常都在樹冠部分活動，綠繡眼、五色鳥只穿梭在中上層的枝葉間，而臺灣畫眉、藪鳥（黃胸藪眉）則棲息於森林底層，所以彼此之間雖然看似在同一地區共存，但由於對食物及隱蔽度的需求不同，其實仍有各自盤據的領域。

除了森林中的鳥類有垂直性分布變化外，海洋中的動物群落更具有明顯的分層現象。例如以深度來區分，海洋水域環境可分為潮間帶、表海層、深海層及海淵層四個區域，而動物群落的構造，也就隨著這四個層次的特殊條件，出現各自不同的族群組合，以下就由淺至深說明各分層大概的動物族群狀態（圖 4-17）。

1. 潮間帶 (Littoral)

介於高潮線與低潮線間的沿岸區域是潮間帶，這裡因為陽光、溶氧及藻類充足，所以有極多的海葵、牡蠣、藤壺等固著性動物，而海星、海膽、蝦蟹及藻食性魚類也大量分布其間。

2. 表海層 (Epipelagic)

海面以下到 200 公尺深處的表層海水是為表海層，由於光照豐富所以也稱為「透光層」，浮游性藻類數量豐富，是海洋生產力和生物豐富度最高的區域，這裡分布的動物主要是自由洄游性的魚類，以及水母、海龜、海豚、海豹等。

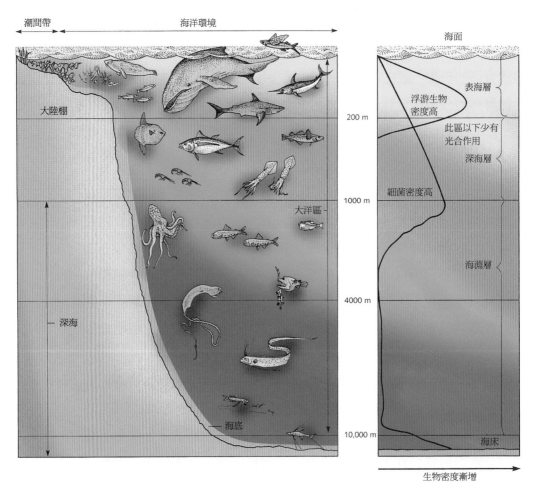

圖4-17　海洋分層。海洋生態系中的垂直分層由上而下可分為潮間帶、表海層、深海層、海淵層，而海平面上則可分為近海和遠洋。

3. 深海層 (Mesopelagic)

　　水深 200 公尺到 1,000 公尺之間為深海層，這一帶光線由弱轉無，浮游性藻類稀缺，所以只有一些肉食性及濾食性的動物分布其間，像紅目鰱、黑鮪魚等即是。

4. 海淵層 (Bathypelagic)

　　水深 1,000 公尺以下為海淵層，這裡光線完全不能到達，生活其間的動物大都以有機碎屑為食，部分尚且有發光性，像安康魚、海百合、有孔蟲等即是。

當然，有些適應力較強的動物會在不同的分層間活動，例如某些比目魚及海參等底棲性動物，從潮間區到 2,000 公尺以下的深海海底都可發現其蹤跡。

（二）動物群落的水平構造

動物群落的水平構造是就族群在平面上的分布狀態而言，但因為動物的活動力強，且會因生殖、覓食或季節因素而遷移，所以動物群落的水平構造往往不是一成不變的。

三、動物群落的演替

動物群落通常依附植物群落而存在，所以植物群落演替的結果，就是動物群落演替的原因，而且動物群落的演替過程，也幾乎是跟著植物演替的節奏在進行。例如，一個池塘的群落演替過程中，在只有少數藻類或水底植物的階段，動物群落主要是蝦、蟹、貝類及一些水棲昆蟲；當水中植物開始繁生，魚類會變成水域的主要族群；接著池塘慢慢淤積變淺，魚類隨之減少，兩棲類、爬蟲類相對增加；而最終整個池塘消失變成陸地，兩棲類、水生動物也終被陸生爬蟲類及哺乳類所取代。

四、動物群落的週期性變化

植物群落有所謂「季相」的週期性變化，動物群落則有日夜週期及季節週期變化。日夜週期變化的主要原因是光照影響到動物的作息，例如在一座森林裡，白天有雀鳥、昆蟲活動，但到了晚上則是貓頭鷹、鼠類、蛇類的天下。至於季節變化部分，大都導因於溫度及植物的改變，像夏天時蟬鳴嘹亮、蜻蜓飛舞，但冬天就不見其蹤影；另外像蛇、蛙的冬眠，候鳥的遷徙等等，都是造成動物群落季節性變化的常見因素。

五、全球動物群落的分布

植物群落的類型取決於氣候條件,而影響動物群落型態的因素,除了氣候外,還有當地植物生長狀況及棲息地特性等因素。因此,有關地球上的動物群落類型,可先大分為陸地動物群落及水域動物群落兩大類;至於兩大群落中再細分的各種特別群落則說明如下:

(一)陸地動物群落

陸地動物群落的類型,可依其棲息地的植物群落型態而區分成下列八種:

1. 熱帶森林動物群落

主要分布區域為南洋群島、中美洲、亞馬遜河流域、澳洲東北岸等地。代表性的動物族群有長臂猿、穿山甲、犀鳥、鸚鵡、森蚺、劍毒蛙等,是動物種類最繁多的區域。

2. 熱帶草原動物群落

主要分布區域在南美、澳洲、東非及撒哈拉盆地。代表性動物族群為長頸鹿、犀牛、獅子、印度豹、斑馬、羚羊、土狼及象等哺乳動物。

3. 亞熱帶及溫帶闊葉林動物群落

中國華南各省、海南島、臺灣以及歐洲、北美東部等地屬於這類群落的分布區域。代表性動物族群有熊、華南虎、雲豹、野豬、白鼻心、松鼠、烏龜、蛙類等。

4. 溫帶草原動物群落

主要分布區域在北美草原、南美草原及中國東北、西北草原等地。代表性動物族群有野牛、斑馬、羚羊、野兔、紅狐、蒼鷹、錦蛇、蝮蛇等。

5. 沙漠動物群落

非洲撒哈拉沙漠及中國大戈壁是典型的沙漠群落,生活其間的動物都必須有適應水分稀缺的構造或功能,像駱駝、沙狐、沙鼠、跳鼠、蠍子、沙蟒等是這些地區的代表性動物。

6. 針葉林動物群落

主要分布區域在北美洲以及中國東北、西北等高緯度地區。典型動物族群有棕熊、狼獾、紫貂、麋鹿、山貓、松鼠、松雞等。

7. 凍原動物群落

包括西伯利亞、格陵蘭及北美等地。代表性動物族群有北極熊、北極狐、馴鹿、雪鴞等。

8. 農田動物群落

在溫帶及熱帶森林、草原地區，有大部分土地被開發成人類耕作的農田。雖然這是人為因素所造成的一種植物群落，但仍有大量依附其間生存的動物存在，這些統稱為農田動物群落。常見的代表性族群如野豬、野兔、家鼠、田鼠、麻雀、大卷尾、斑鳩、鷺鷥、秧雞、雁鴨、澤蛙、壁虎等。

（二）水域動物群落

棲息於水域環境的動物可區分為「海洋動物群落」與「淡水動物群落」兩大類。分述如下：

1. 海洋動物群落

海洋動物群落的分層現象已於前述，但其內部的族群組合則極為複雜，除了豐富的小型浮游動物外，還有洄游性的魚類、哺乳類，底棲性的甲殼類、軟體動物等等。另外，在熱帶海洋與陸地交界處的紅樹林和珊瑚礁（專題 4D），因為聚集大量的蝦、蟹、蛇、蛙及昆蟲，因而吸引許多鳥類、哺乳類到此覓食，形成一種豐富而特別的動物群落。

2. 淡水動物群落

淡水動物群落依據水流的特性又可分為「河流動物群落」與「湖泊動物群落」兩種：

(1) 河流動物群落的族群組合主要受流速、溶氧及營養因子所影響。以臺灣的河流為例，上游因為流速快、溶氧豐富，主要的

動物族群是溪哥（粗首鱲）、苦花（鏟頜魚）、爬岩鰍等游泳力強、需氧性高的魚類；中下游流速減緩、溶氧漸低，主要是鯉魚、鯽魚和吳郭魚等；而河床部分，則大都棲息著鯰魚、河蚌、蛤蜊和水棲昆蟲等等。

(2) 湖泊動物群落的族群分布主要受水深所影響，一般湖底大都是水棲昆蟲及軟體動物所組成，而水體中則有草魚、鯉魚、黃鱔、鱧魚、泥鰍、烏龜、青蛙、蛇等棲息。

　　除了流速和溶氧外，溫度是另一項影響淡水動物群落族群組合的重要因素，例如熱帶河流或湖泊中，除了魚類外，可能還有河馬、鱷魚等大型動物棲息其間，而依附在水生環境生存的各種鳥類，如鷺鷥、翠鳥、水雉等則是淡水動物群落中常見的附屬族群。

專題4D

珊瑚礁

　　珊瑚礁的形成，要歸功於海洋中一種叫做石珊瑚（又稱為造礁珊瑚）的腔腸動物。這種動物行固著式生活，但可以用觸手上的刺絲細胞捕食浮游生物。特別的是，石珊瑚的體內有無數的單細胞藻類和它共生，這些共生藻會吸收珊瑚蟲的含氮代謝物並進行光合作用，而所得的醣類則大多回饋給珊瑚蟲做為營養來源，這是生態學上所稱的「互利共生關係」。由於珊瑚蟲在成長過程中會分泌碳酸鈣成分的骨骼來支撐和保護蟲體，所以即使珊瑚蟲死亡，這些碳酸鈣骨骼仍然會被保存下來，經過千百年累積後就形成了珊瑚礁。

　　珊瑚蟲這類造礁生物只分布在終年水溫高於 20°C 的赤道附近海域，且對生存環境的要求相當挑剔。它們必須有充足的日照才能養活體內的共生藻；也必須遠離河口，以免河流帶來的大量懸浮物影響它們的呼吸和攝食，且河口過多的營養鹽導致其他藻類大量繁殖時，珊瑚蟲就會失去競爭上的優勢而消失。因此，珊瑚礁在整個海洋總面積中所占的比例不到千分之三。

　　珊瑚礁在海洋環境中最大的貢獻，是具有多孔隙的結構，提供無數海洋生物適當的棲所，使得珊瑚礁海域能夠維持豐富而多樣的生物資源，因此珊瑚礁可稱為「海洋中的熱帶雨林」。但由於海洋環境惡化以及人為干擾與日俱增，全球的珊瑚礁約有 80% 都面臨逐漸衰敗的問題，例如在臺灣經常聽到的「珊瑚白化」事件，就是諸多珊瑚礁毀壞的事例之一。

　　健康的珊瑚會呈現出共生藻鮮亮的色澤，而所謂「珊瑚白化」，是因為珊瑚蟲體內的共生藻死亡或消失，使得珊瑚看起來變成了無生氣的灰白色。造成共生藻死亡的原因很多，例如水溫過高、水質混濁、光線不足等都有可能，如果這種環境惡化是暫時現象，那環境回復後珊瑚蟲也可以再恢復旺盛的生機，但如果長此下去，珊瑚蟲終將死亡，所以珊瑚白化很可能就是珊瑚死亡的前兆。

圖4D-1　珊瑚礁在海洋環境中可以提供無數海洋生物適當的棲所，使得珊瑚礁海域能夠維持豐富而多樣的生物資源。

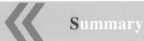

1. 生物群落具有下列五項通性：

    (1) 生物群落必有多樣性的族群組合。

    (2) 生物群落中的族群既適應環境也改變環境。

    (3) 生物群落中的族群必相互適應也彼此制衡。

    (4) 生物群落必有動態變化。

    (5) 生物群落之間不一定有明顯的邊界。

2. 植物群落的族群組合可分為優勢族群、伴生族群及稀有族群。

3. 森林植物群落的垂直構造可分為：喬木層、灌木層、草本層、地面層、地下層及層間植物。

4. 生物群落一直都在改變其內部的族群組合，這種新群落不斷取代舊群落的交替現象，稱為「群落的演替」。

5. 植物群落的基本演替過程可分為先鋒時期、過渡時期、巔峰時期三個階段。

6. 造成植物群落演替的原因有下列四項：

    (1) 族群繁殖體的擴散。

    (2) 種內及種間的競爭。

    (3) 群落的內環境變化。

    (4) 群落的外環境變化。

7. 植物群落的演替類型可歸納為：

    (1) 依據最初裸原的特性可分為「原生演替」與「次生演替」。

    (2) 依據演替開始時之基底特性可分為「旱生演替」與「水生演替」。

8. 旱生演替的過程如下：地衣期→苔蘚期→草本期→灌木期→盛林期。

9. 水生演替的過程如下：沉水植物期→浮葉植物期→挺水植物期→濕生植物期→旱生演替期。

10. 植物群落因應季節變化所呈現的不同外貌稱為「季相」。

11. 全球主要的植物群落可分為下列七種類型：

    (1) 熱帶雨林及熱帶季雨林。

    (2) 熱帶草原及沙漠。

    (3) 亞熱帶常綠闊葉林。

    (4) 溫帶落葉闊葉林。

    (5) 溫帶草原。

    (6) 北方針葉林。

    (7) 凍原。

12. 動物群落的族群組合可分為原生種、特有種、外來種及歸化種。

13. 海洋動物群落的垂直構造可分為：潮間帶、表海層、深海層及海淵層。

14. 全球性動物群落的類型可歸納如下：

    (1) 陸地動物群落：

        a. 熱帶森林動物群落。

        b. 熱帶草原動物群落。

        c. 亞熱帶及溫帶闊葉林動物群落。

        d. 溫帶草原動物群落。

        e. 沙漠動物群落。

        f. 針葉林動物群落。

        g. 凍原動物群落。

        h. 農田動物群落。

    (2) 水域動物群落：

        a. 海洋動物群落。

        b. 淡水動物群落：河流動物群落、湖泊動物群落。

( ) 1. 以下何者不是生物群落的通性？ (A) 生物群落必有多樣性的族群組合 (B) 生物群落中的族群必相互適應也彼此制衡 (C) 生物群落中的族群既適應環境也改變環境 (D) 生物群落之間一定會有明顯的邊界。

( ) 2. 有關植物群落組成的敘述何者錯誤？ (A) 優勢族群是群落中數量、體積及影響性都最大的族群 (B) 伴生族群的數量與作用並沒有決定性的影響，但在整個群落構造上，仍有其一定的比例 (C) 優勢族群一定是單一品種 (D) 數量稀少、會偶然出現在植物群落中的稱之為稀有族群。

( ) 3. 植物群落構造的敘述何者錯誤？ (A) 植物群落的垂直構造可分為喬木層、灌木層、草本層、地面層、地下層及層間植物等 (B) 植物種類會因為適應局部環境的土壤、濕度、光影等因素而形成平面分布差異，稱為水平構造 (C) 喬木層之下，有一些適應弱光條件，大約只利用光照資源的 10% 就可以順利發展的族群，屬於地面層植物 (D) 附生性的蕨類、藤類等會依附在森林中各層植物之上，稱為層間植物。

( ) 4. 森林群落演替過程的描述何者正確？ (A) 先鋒時期：以灌木植物為主要的植物群落組成 (B) 過渡時期：草本植物、灌木植物、喬木植物等隨機出現，視種子散布狀況而定 (C) 巔峰時期：植物群落發展到最後階段，族群與族群間，以及族群與環境間會保持在一種動態平衡的狀況 (D) 衰敗時期：植物族群間彼此競爭而產生排除作用，致使部分物種消失，最終僅剩少數物種存活。

( ) 5. 何者不是植物群落的演替類型？ (A) 次生演替 (B) 附生演替 (C) 旱生演替 (D) 水生演替。

( ) 6. 何者不是造成植物群落演替的原因？ (A) 族群繁殖體的死亡 (B) 族群繁殖體的擴散 (C) 群落的內環境變化 (D) 種內及種間的競爭。

( ) 7. 下列對全球主要植物群落的敘述何者錯誤？ (A) 溫帶落葉闊葉林年平均氣溫在 8~14℃ 之間，年降雨量約 500~1,000 公釐 (B) 熱帶草原平均降

雨量雖有約 1,250 公釐，但由於四季溫差大且春夏期間水氣不足，阻礙森林的生長，只能形成草原群落 (C) 熱帶雨林及熱帶季雨林終年平均氣溫在 26℃以上，植物終年都可生長，沒有明顯的季節變化 (D) 北方針葉林分布在北半球高緯度地區，平均氣溫在 0℃ 以下，年雨量在 400~500 公釐之間，大都集中在夏季。

( ) 8. 動物群落的族群依據動物地理學的分類可以分為四種，以下說明何者錯誤？ (A) 發源於該地區或因自然散布而一直棲息其間的動物族群稱為「原生種」 (B) 只有在該地區才可以發現的動物族群稱為「特有種」 (C) 由於自然因素，從原分布區以外的地方遷移至某處定居，稱之為「外來種」 (D) 外來種引進後，經過數十年甚至更久的時間，如果能夠融入新的生態系中，與其他物種建立「利用與被利用」的關係，就是所謂的「歸化種」。

( ) 9. 海洋水域環境垂直性分布變化的敘述何者正確？ (A) 介於高潮線與低潮線間的沿岸區域是潮間帶，受限於漲退潮影響，陽光及溶氧不足，因此生物稀少 (B) 海面以下到 200 公尺深處的表層海水是為表海層，因有劇烈的波浪影響，導致浮游性藻類數量稀少，主要是自由洄游性的魚類分布於此 (C) 水深 200~1,000 公尺之間為深海層，光線雖然微弱，仍有足夠的浮游藻類供應魚類覓食 (D) 水深 1,000 公尺以下為海淵層，光線完全不能到達，生活其間的動物大都以有機碎屑為食，部分尚且有發光性。

( ) 10. 有關動物群落的敘述何者有誤？ (A) 動物群落通常依附植物群落而存在，所以植物群落演替的結果，就是動物群落演替的原因 (B) 河流動物群落的族群組合主要受水深和溫度所影響，從上游到河口各有不同的物種生存 (C) 人類耕作的農田是人為因素所造成的一種植物群落，但仍有大量依附其間生存的動物存在，統稱為農田動物群落 (D) 動物群落和植物群落一樣有時間周期的變動，主要有日夜週期及季節週期變化。

Thinking 思考與討論

1. 何以生物群落既適應環境，也改變環境？舉例討論之。

2. 舉一個有名的植物群落為例，如溪頭林場、太平山林場、陽明山國家公園或墾丁國家公園，討論其中的動、植物群落概況。

3. 比較原生演替和次生演替的開始和結果有何異同。

4. 人類開發農田之後出現了農田動物群落，而目前都市面積正極速擴展中，假如把都市也視為一個新出現的群落，那其中的生物族群組成會是如何？

5. 蒐集有關熱帶雨林群落的資料，包括植物與動物兩部分。然後討論其對全球生態的重要性，以及目前面臨的問題。

6. 就近選擇一個熟悉的公園或校園，實地瞭解其動、植物群落組成後，再討論其相關的演替、季相、週期性變化等特質。

CHAPTER **05**

生態系的組成與基本作用

5-1 生態系的組成

　　生態系是由「非生物成分」與「生物成分」兩者共同組成的，非生物成分指的是環境中的氣候、有機物、無機物等；而生物成分則是針對生態系中的生物群落而言。

一、非生物成分 (Non-Living Component)

　　生態系中的非生物成分包括下列三項：

（一）氣候因子

　　生態系所在的空間中，其日光、氣溫、氣壓、風、濕度、降水等之綜合表現，是為該生態系的氣候因子（參閱 2-2 節）。

（二）無機物

　　存在生態系中的無機物，如碳、氮、氧、水、二氧化碳及礦物質等。

（三）有機物

　　生態系中的蛋白質、醣類、脂肪及腐植質等。

二、生物成分 (Living Components)

　　生態系中的所有生物群落，構成生態系的生物成分，而依各族群在生態作用上所擔任的功能，可區分為生產者、消費者、分解者及轉化者四種角色。

（一）生產者 (Producer)

　　生物界中，能自行將無機物轉變成有機物而獲取能量和營養的生物，稱為是「自營性」(Autotrophic) 生物。其中包含所有可以進行光合作用的綠色植物、藍綠藻、光合成細菌（如綠硫菌），以及可以利用氧化無機物而獲取能量的「化學合成細菌」（如硝化細菌）等均是。而生態系中對這些可以自行合成營養並產生能量的自營性生物，均統稱為生產者。

（二）消費者 (Consumer)

生態系中的消費者指的是必須從生產者或其他消費者那裡取得能量和營養的一群「異營性」(Heterotrophic) 生物。但在生態學的研究上，依其取得能量、營養的方式與對象，又把消費者歸納為下列五種類型：

1. 草食性消費者

直接以綠色植物為食的草食性動物，在食物鏈上又稱為「初級消費者」，例如牛、馬、羊、鹿、草魚、食草昆蟲，以及部分甲殼類和軟體動物等。

2. 肉食性消費者

以其他動物為食物來源的肉食性動物，在食物鏈上可能是「次級消費者」或「三級消費者」。

次級消費者指的是以初級消費者為食的一群，像蛇、狐、青蛙、鳥類等；而三級消費者就是以次級消費者為食的另一群生物。部分肉食性動物可以同時具有次級消費者或三級消費者的身分，依其捕食對象而定。

3. 雜食性消費者

生態系中更大的一群消費者是雜食性消費者，它們有時直接攝食植物，但也能以動物為食。這種變化可能是習慣使然，也可能受生活史不同的成長階段或季節性食物來源所影響。

4. 腐食性消費者

這是以動植物屍體為食的一群，例如白蟻、兀鷹、蛆等，它們可將死亡的大形動植物進行第一階段的分解，所以在整個生態系的營養循環上扮演極為重要的角色。

5. 寄生性消費者

以寄生在其他動植物體內或體表，靠寄主提供養分維生的生物，例如蛔蟲、條蟲、狗蚤、寄生蜂及某些寄生菌等。

（三）分解者 (Decomposer)

又稱為還原者，也是由一群異營性生物所組成。它們的功能是將有機物分解成無機物，也等於是把生態系中的生物成分轉變為非生物成分，例如大部分的細菌、真菌和原生動物都是生態系中重要的分解者。

（四）轉化者 (Transformer)

要讓物質循環作用在生態系中運轉不息，只靠生產者、消費者和分解者是無法達成任務的。因為某些有機物被分解者分解成無機物後，在生化特質上必須再轉換成可被植物吸收的形式才能繼續循環利用，而轉化者就是負擔這一項重要的功能，例如固氮菌、硝化菌等，都是生態系中非常重要的轉化者。

 ## 5-2 生態系的基本特質

生態系透過生物成分與非生物成分的交互循環，可以讓物質供需、能量流動、空間運用、代謝維持等保持穩定，而其中所牽涉的生物功能和化學反應都非常複雜，但在討論這些生態系的實際運作內容之前，必須先認識生態系的三項基本特質。

一、生態系是一個動態循環系統

生態系中的生物成分與非生物成分不斷在改變其存在狀況，例如生物在出生、成長、死亡之間交替；物質在有機與無機之間循環。透過這些生物或理化機制，整個生態系才能夠生生不息的運轉。所以，生態系不是一個靜止的構造單位，而是一個不斷運轉的循環系統。

二、生態系是一個自我維持系統

由於生態系中的生物具有生產者、消費者、分解者、轉化者四種角色，所以生態系可以獨立進行能量的取得與傳遞過程。而物質循

環方面，經由生物與無機環境的配合，整個運行途徑也可暢行無阻。因此，在一個完整的生態系內，它本身就已具備「自我維持」(Self-maintenance) 的條件與功能。

三、生態系是一個自動調節系統

一個成熟的生態系，在結構、功能與各項作用上原本就具備足夠的和諧度和穩定性，而且因為有不同的生物族群在共同負擔某一部分的生態責任，所以即使生態系受到外來的干擾或破壞，也可透過內部的調節作用使之恢復原有的穩定狀態。例如改變族群內的密度、調節族群間的關係來因應環境的變化即是（另於第六章詳做介紹）。不過，由於人類對環境所造成的干擾與破壞，正使生態系的自動調節功能面臨嚴重的挑戰，這也是當前各種生態問題的主要原因。

5-3 生態系的生產作用

「生態系中生物累積能量與物質的過程」即是生物的「生產作用」，其中包括「初級生產」與「次級生產」。

一、初級生產 (Primary Production)

綠色植物經由光合作用，將光能轉變成化學能而儲存在有機物中，是為「初級生產」，經由初級生產所得到的能量總和，即是所謂的「總初級生產量」(Gross Primary Production)。但植物在維持生命的代謝作用中也是需要消耗能量的，因此，總初級生產量扣除這部分消耗，就是植物的「淨初級生產量」。

淨初級生產量代表生產者可以提供給消費者所運用的能量。其計算單位通常以「克乾重／ m^2 年」或「焦耳／ m^2 年」來表示，意思是指一平方公尺的面積中，一年內可生產的有機物乾重量或累積能量。而如果要在兩種單位間換算，植物組織每克乾重等於 18 焦耳；動物組織每克乾重等於 20 焦耳。

例如，某生態系中植物的淨初級生產量為 1,000 克／m² 年，若換算成能量單位時即是：1,000g×18 焦耳＝ 18,000 焦耳／m² 年。

淨初級生產量代表一個生態系中植物群落的生產力，但隨著生態系的發育，其生產力會有規律性的變化。例如培植一片松林的過程中，剛開始的淨初級生產量會逐年增加，到第 20 年時會高達 2,200 克／m² 年，但此後便逐年遞減而趨於穩定。分析造成這種現象的原因，是植物群落達到巔峰狀態後，其成長速度會減緩，但用來維持本身代謝的消耗並未減少的緣故。

二、次級生產 (Secondary Production)

生態系中的消費者和分解者，直接或間接攝取初級生產物，再經由同化作用或繁殖作用轉換成身體物質或子代的過程，是為「次級生產」。次級生產所得的產物總和，如肉、蛋、奶、血液、骨骼等所有體質（身體組織總重量）及子代總數量，是為「次級生產量」。

就理論上而言，好像淨初級生產量應該都可以被消費者所運用，但在實際的生態系裡，淨初級生產量轉換成次級生產量的過程中，有許多能量是被浪費或消耗掉的，所以兩者之間會有明顯的落差。例如，假設在一片草原上有一對兔子，草原一年的淨初級生產量總和為 500 公斤，但可被兔子攝取的消耗量可能只有其中的 350 公斤而已，其餘的可能因為吃不到、吃不完或不能吃而浪費了。不過，兔子吃了 350 公斤的食物後，其中有 50 公斤變成糞尿被排出，只有 300 公斤真正被同化作用吸收變成身體物質，但在生活過程中，又有一些能量被消耗於維生代謝作用，結果一年下來，這對兔子真正增加的體重只有 3 公斤，以及另外繁殖出來的 10 隻仔兔，總重 30 公斤，所以次級生產量其實只有 33 公斤而已。

 5-4 生態系的消費作用

次級生產是消費者攝食生產者而重新產出的過程，所以從食物鏈的角度來看，次級生產者其實就是初級消費者。而在生態系中，許多

生物之間，都存在著連鎖性或網絡性的消費關係，於是就有所謂的「食物鏈」、「食物網」、「營養階層」以及「生態金字塔」等概念。

一、生態區位

每一個生物在生態系中都有其特定的功能，所以從生態系的構造來看，每一個生物都有適合它存在的地位，這就是該生物所占有的「生態區位」(Ecological Niche)。一般來說，一個生態區位上不一定只有一種生物，但如果有兩種以上的生物同時占據相同的生態區位時，其利弊得失就必須從生物族群與生態構造兩方面來分析。

就生物族群而言，不論是同種或異種，越多的個體存在同一生態區位上，就會有越高的競爭壓力；但從生態構造來看，多樣化的族群組合卻有助於增加生態構造的穩定性。舉例來說：如果在一個池塘裡只有一種水草以及草魚和鱸魚，水草扮演生產者，草魚當初級消費者，鱸魚則是次級消費者，三者都各有其適當的生態區位而形成一種食物鏈式的生態關係。這樣的結構，或許對三種族群是好的，原因是彼此都可得到最多的生存資源；但對生態系來說卻是極為危險的，因為萬一水質發生改變導致水草死亡，那整個生態構造也就隨之瓦解了。相反的，如果在這個池塘中引進更多的水草或藻類並再養一些白鰱，這樣雖然會使生產者以及初級消費者的壓力增加，但如果環境變化時，即使一兩種水草或草魚被消滅了，整個生態系卻仍然可以繼續維持下去。可見，生態區位的分配適當與否，對族群的盛衰以及生態系的絕續都有關鍵性的影響。

二、食物鏈 (Food Chain)

從生態系中的生物成分來看，生產者利用光能製造有機物而生存，草食性消費者以生產者為食，而肉食性消費者又以草食性消費者為食，這種環環相扣的消費性關係，就是所謂的「食物鏈」。但從能量流動的角度來看，食物鏈就是透過取食與被取食的關係，把生產者

所儲存的能量，在生態系中逐層傳遞的過程。因此，依其不同的傳遞方式，可把生態系中的食物鏈分成下列三類：

（一）捕食性食物鏈 (Predator Food Chain)

這型的食物鏈，是以綠色植物為基礎，再依序將能量傳遞給草食性消費者、肉食性消費者的典型消費過程。如番薯→田鼠→蛇→貓頭鷹，這類以捕食方式進行的食物鏈便是。

（二）碎食性食物鏈 (Detritus Food Chain)

碎食性食物鏈是從死亡的動、植物屍體開始的。在多數生態系中，生物大都不是被捕食，而是在死後才被微生物分解成碎屑進入食物鏈的傳遞過程。例如在河口的紅樹林裡，紅樹的葉片並沒有被直接取食，幾乎所有葉片都是在凋萎後，經微生物在泥沼中分解成碎片才進入營養循環，而這種半分解的腐植質與藻類拌合成營養豐富的食物顆粒，就會被蝦、蟹等取食，其傳遞過程，可簡略的表示如後：紅樹葉凋落→微生物分解成碎粒→蝦、蟹→魚→水禽（專題5A）。

（三）寄生性食物鏈 (Parasite Food Chain)

這是將能量從較大形生物傳給較小形生物的一種食物鏈類型，並且後者以前者為寄主而形成連續性的寄生關係。例如：狗→狗蚤→真菌→細菌→病毒。

三、食物網 (Food Web)

一般認為，食物鏈的傳遞過程大約只有4~5個環節，而頂級消費者死亡後，屍體被微生物分解，使有機物回歸到生態系的物質循環中。但是，在實際的食物鏈中，前者與後者可能不是一對一的關係。例如在池塘裡，吃藻類的草食性消費者可能有草魚、白鏈和田螺；而肉食性消費者也有鱸魚、烏鰡和鷺鷥，甚至還有一些雜食性的消費者像烏龜、鯉魚等都可以同時存在。可見，生物與生物之間的能量傳遞關係是錯綜複雜的，如果具體一點的以圖形表示，食物鏈分枝交錯的結果，

會讓生態系中所有生物發生直接或間接的網狀關聯，這就是食物網的概念（圖 5-1）。

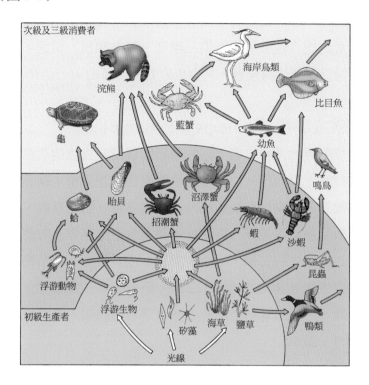

次級及三級消費者

浣熊　海岸鳥類　比目魚
龜　藍蟹　幼魚
貽貝　沼澤蟹　鳴鳥
蛤　招潮蟹　蝦　沙蝦
浮游動物　昆蟲
　　　浮游生物　矽藻　海草　鹽草　鴨類
初級生產者

光線

圖5-1　食物網：生態系中的食物鏈分枝交錯，使生物與生物間發生網狀關聯。

就如同「生態區位」的情況，食物網的關係越複雜，生態系就越能承受外來的干擾。再用前面的例子來解釋：池塘中的草魚如果消失了，肉食性消費者還可捕食田螺和白鰱；而若鷺鷥離開了，也還有烏鰡和鱸魚的捕食壓力，使得白鰱、田螺等不致於過度繁殖而破壞生態系的正常運作。所以，越複雜的食物網，會讓生態系有越厚實的穩定基礎。

四、營養階層 (Trophic Level)

即使最精細的食物網圖形，也不能完全反映出生態系中錯綜複雜的生物關係。因此，有些生態學者為了更簡明的表示能量在生物間的傳遞過程，於是提出所謂「營養階層」的觀念。

營養階層的理論基礎，是把食物鏈中同一環節的所有生物歸納在同一個層級裡。例如在一個生態系裡，把所有可以進行光合作用的綠色植物歸為第一個營養階層；所有草食性動物歸為第二階層；以草食性動物為食的肉食性動物歸為第三階層，以此類推。但是，某些雜食性動物在營養階層的歸類裡，其實也是有些困難的。

五、生態金字塔 (Ecological Pyramid)

從營養階層的結構來看，它的層級數目受到食物鏈環節的限制，大約也只有 4~5 層而已。但從各階層的生物數量分析：綠色植物具有最龐大的數量，如果以它為基底，上面的草食性動物層級、肉食性動物層級的數量會依序遞減，這就是所謂「生態金字塔」的概念。再用前面所舉的池塘生物為例，池塘中數量、重量最多的是植物、藻類和植物性浮游生物，其次是田螺、白鰱、草魚等草食性動物，再次才是鱸魚、烏鰡等，而鷺鷥則是居於生態金字塔的頂端，不管重量或數量都是最少的（圖 5-2）。

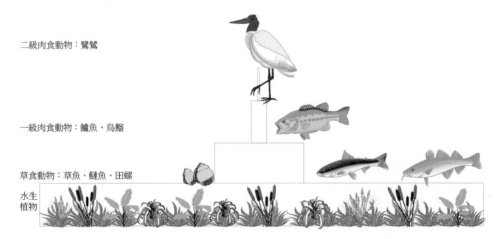

圖5-2　湖泊的生態金字塔：在湖泊生態系中，植物、藻類構成生態金字塔的底層，其上有草食動物、一級肉食動物及二級肉食動物，但各層的總量由下向上遞減，這即是所謂的生態金字塔。

專題5A

紅樹林

　　全球的紅樹林大多分布在南、北緯 20 度之間，Ricklefs & Latham (1993) 整理文獻統計全球紅樹林植物種類，共有 15 科 19 屬 54 種。由於其中紅樹科植物的樹幹、枝條和花朵都是紅色的，而且樹皮富含單寧酸，可以提煉出紅色染料，所以才有「紅樹」的稱呼，例如「紅茄苳」就是最具代表性的一種，可惜在臺灣已經被砍伐殆盡了。

　　臺灣的紅樹林原本有紅茄苳、細蕊紅樹、水筆仔、紅海欖、海茄苳、欖李等六種，但目前紅茄苳及細蕊紅樹已經完全消失，且紅海欖的植株也已經相當稀少。分布範圍方面，殘存面積較大的紅樹林有淡水關渡、臺南四草及屏東大鵬灣等地，但構成樹種方面南北有很大差異，關渡、淡水是水筆仔的純林，而南部則是由其他三種所構成。

　　因為紅樹林大多生長在河口或潟湖等濕地環境，在以往不重視環保的年代，往往成為工業發展的犧牲品，所以全世界的紅樹林都面臨嚴重的人為破壞問題。但若從環境功能來看，紅樹林發達的根系在河口所發揮的過濾功能，讓大量有機碎屑被留存在樹林下的泥沼裡，這些都是魚、蝦、蟹、貝類最好的營養來源。而隨之前來的兩棲類、爬蟲類、鳥類等，讓紅樹林構成一個完整的生態系，紅樹林複雜的根部結構，也是許多生物賴以維生的棲所，因此紅樹林在生態上其實具有不可取代的重要性。

圖5A-1　臺灣的紅樹林。

(a) 關渡地區的紅樹林是水筆仔純林。

(b) 屏東大鵬灣的紅樹林目前僅存海茄苳，估計樹齡約有50年。

5-5 生態系的能量流動

　　不管是從食物鏈、食物網或生態金字塔來看，生產者總是數量最多，而距離生產者越遠的，其數量也就越少。換個角度來說，生物界的能量自綠色植物吸收光能開始，便轉化成有機物的形式被儲存起來，而隨著食物鏈的方向，能量被一層層的在生物間傳遞，但其能量總和也在一級級的遞減，這就是生態系的能量流動 (Energy Flow)。

　　日光是生態系最原始的能量來源，但是它只能被具有光合色素的生產者利用。所以，綠色植物在生態系中負有捕捉能源的重責大任。但從許多研究顯示，綠色植物對光能的利用率是極低的，平均只有0.14% 而已。因此，依靠這少許成就，綠色植物所蓄積的能量僅能勉強供養現存的地球生態系，如果人類繼續破壞環境，而人口的成長又不能被有效控制的話，那糧食問題將會越加嚴重。

　　能量被綠色植物獲取後，在食物鏈的傳遞過程中，由於大部分能量不能被吸收，加上被維生代謝所消耗，所以每轉換一次平均會損失90%。也就是說，真正能被後一級生物所獲得的能量，只有前一級生物生產量的 10% 而已。這即是生態學上所稱的「十分之一定律」。舉例來說，如果某草地上的植物初級生產能量共有 3,107 焦耳，經草食性動物全部取食後，部分能量以排泄物的方式歸還生態系裡，還有更大一部分的能量以熱能的方式被消耗在代謝作用中，因此，真正轉換到草食性動物組織裡的能量只有 310.7 焦耳而已。以此類推，如果草食性動物之後還有一級肉食動物和二級肉食動物，那二級肉食動物所能實際獲得的能量則只剩下 3.107 焦耳。

　　從能量流動過程來看，轉換次數越多，能量損失就越大，所以從整個地球的生物結構來看，植物必多於草食性動物，而草食性動物也必多於肉食性動物。因此，如果要解決人類的糧食問題，以植物性蛋白來取代動物性蛋白，讓人類在營養階層中下降一到二級是經濟而有效的作法。

5-6 生態系的分解作用

　　生態系中的初級生產，是綠色植物吸收光能以產生有機物的一系列反應；而分解作用則是將有機物再還原成無機物的複雜過程。如果進一步比較這兩種作用，會發現生產作用是將簡單的無機物轉變成構造複雜的有機分子；而分解作用則是把有機分子還原成簡單化的無機分子。另外，從能量的角度來看，生產作用是貯能反應，而分解作用則是釋能反應。

　　儘管生產作用與分解作用在本質與結果上都有極大的差異，但在生態系中這兩種作用卻總是交叉甚至同時在進行的。例如草食性消費者取食植物的過程，它表面上是一個消費作用，但部分能量轉化成體質和子代的結果，卻是所謂的次級生產；而另外有一大部分未受利用的能量被以排泄物或熱能的方式回歸到環境中，這也是一種分解作用。因此，在生態系中，任何一種生物都可能兼具生產、消費和分解等三種功能，生產者雖是生態系中的主要能量提供者，但它本身的維生代謝，其實也具有分解有機物和釋放能量的消費性本質；而消費者的消化與排泄作用，也扮演著重要的分解功能。所以在實際的生態系裡，有關生產者、消費者與分解者的角色區分，應該是相對的而非絕對的。

一、分解作用的類型

　　自然界中的許多有機分子，都具有相當複雜的分子結構，而由其構成的動植物組織，更有強韌的抗解聚特性。因此，生態系中的分解作用也就變得極為複雜，它牽涉到許多生物、物理、化學因素，概括性的歸納，約可把它分成下列三種類型：

（一）碎裂作用

　　動植物的有機組織，經由生物或物理作用而被切割成較小的碎片，是所謂的「碎裂作用」。碎裂作用在有機物分解過程中是很重要的一環，因為它可以讓有機物的表面積增加千百倍，使相關的化學、

生物分解作用能夠更容易進行。而生態系中可以對有機組織產生碎裂作用的力量，有些是來自風力或潮水等，但大部分原因仍是由生物或微生物所引起，例如某些昆蟲會切割枯葉築巢，大形動物在森林底層踩踏等便是。另外，生物取食有機物時，許多食物由於不能完全消化而被排出體外，也是一種普遍的碎裂作用。

（二）淋溶作用

某些有機分子會溶解在水中而離開原來的有機組織，這是「淋溶作用」。淋溶作用會使有機分子更容易被微生物吸收而加速分解作用的進行。

（三）異化作用

有機分子經過生化作用而被分解或轉變是為「異化作用」。異化作用一般是藉由生物體內的酶在推動，所以是一種純生化性的反應。例如澱粉被分解成葡萄糖，葡萄糖再被分解成碳、氫、氧等無機物便是。

二、分解作用中的釋能過程

有機物被完全分解成無機物的過程叫「礦化」。但這其中所牽涉的內容除了物質形態的改變外，能量的釋放也是生態循環中的重要一環。首先瞭解物質形態改變的部分，大多數有機組織被還原成無機物都不是某一個生物可以獨立完成的，它必須在不同的營養階層中不斷的被攝取、輸出、再攝取、再輸出，然後才能完全分解，而能量也就在這不斷傳遞的過程中被逐步釋放。如果把生產作用和分解作用合起來看，每一營養階層所得的能量假設有 55% 被利用於維生代謝所需，而另外 45% 的能量則保留到死後的有機體中等待分解釋放。以此推算，一個死亡有機體可能要經過六次分解傳遞才能把原有的能量接近百分之百的釋放出來，也就是：

$$45\% \rightarrow 20.3\% \rightarrow 9.1\% \rightarrow 4.1\% \rightarrow 1.8\% \rightarrow 0.8\%$$

三、影響分解作用的因素

分解作用已知是極為複雜的釋能過程，但有關其分解速率的問題，則受分解生物、分解環境與待分解物的特質等三種因素所影響。

（一）分解生物

動物、真菌、細菌都可以在生態系中發揮分解功能。動物主要的分解能力表現在碎裂作用方面，例如在土壤表面活動的大型動物，或是蝸牛、蛞蝓以及泥土裡的蚯蚓等，都可以對有機組織產生碎裂的效果。

大多數的真菌因為具備分解木質纖維的酶，所以它們對木質有機物的分解有最大的功勞，而白蟻與其腸道中的鞭毛蟲相互合作的結果，在這方面也有傑出的表現。至於細菌部分，它們在一般的醣類、蛋白質等分解上，都是極迅速而有效的。

臺灣針對北、中、南部三條溪流進行碎食者對落葉分解速率之比較研究結果顯示，溪流中的碎食者種類以及捕食碎石者的魚類多寡對落葉分解速率有顯著影響，當碎食者種類較多時，分解速率較快，然而溪流中捕食魚類較多時，會導致碎食者種類較少，造成落葉分解速率變慢（參考資料：賴梅瑛, 謝森和, & 黃雅惠. (2022). 臺灣北部, 中部及南部溪流碎食者對落葉分解速率之比較. 國立臺灣博物館學刊, 75(2), 55-74.）。

（二）分解環境

在高溫、潮濕的環境下，分解作用比較容易進行，相反的，低溫乾燥就不利於分解工作的進展。以 1975 年 Whittaker 所提出的調查報告為例證，他發現：如果要把植物群落裡一年所落下的枯枝敗葉分解掉 95%，在凍原需要花 100 年的時間；針葉林要 14 年；溫帶落葉林要 4 年；而熱帶雨林卻只需要半年而已。

（三）待分解物的特質

待分解物是否有利於分解作用的進行，可從其理化特質來看。物理特質方面，某些有機組織表面光滑，不利分解生物附著，或是結構堅硬不易碎裂等，都會減緩分解作用。至於化學特質方面，就成分上來說，單糖最易分解，一年就失重 99%，半纖維素則約 90%，但纖維素、木質素、酚等，因為它們具有極強的抗解聚特性，所以需要很長的分解時間。

除了化學成分會影響分解速率外，有機組織的碳、氮比 (C：N) 也是另一項重要的因素。一般來說，碳、氮比接近於 25：1 時最有利於微生物的吸收利用，而碳比重太高或太低的有機物，都比較不利於分解作用的進行。

5-7 生態系的物質循環

生命的維持，除了需要能量外，還要不斷攝取構成有機組織的物質，也就是非生物環境中所提到的營養因子。如果依據生物的需求量，這些營養因子可以分成大量需要元素與微量需要元素兩類，前者包括碳、氫、氧、氮、磷、鉀、鈣、鎂、硫等；而後者則有鋅、碘、鋁、硼、氟、錳、鉬等。

相同於能量流動的原理，營養因子也是在生物之間彼此傳遞的。但如果仔細比較生態系中這兩種重要的作用，可以發現兩者存在明顯的差異。能量流動是單向的，從植物自日光捕捉到光能後，一路傳遞的結果，能量最終都以熱能的形式散失掉，所以生態系必須不斷的再從太陽補充能量。相反的，物質傳遞是可以重複使用的。無機物經光合作用被合成有機物，有機物被分解回歸到非生物環境後，即使保留在空氣、土壤或岩層中相當久的時間，但總還有機會再被生物吸收利用。因此，生態學中對這種營養因子的傳遞方式，稱為「物質循環」，其中與生態系統關係最密切的物質循環有碳循環、氮循環、水循環三種。

一、碳循環 (Carbon Cycle)

如果扣除水的重量，碳占生物體乾重的49%，它以蛋白質、脂質、醣類、核酸等多種形式存在生物體中。但在探討碳循環的作用模式之前，先要瞭解物質循環領域裡所謂「庫」(Pool) 的觀念。

「庫」指的是某種物質在生物體內或非生物環境中貯存或暫停的場所。而依該物質存量的多寡以及參與循環的積極度，又把它區分為「貯藏庫」(Reservoir) 和「交換庫」(Exchangeable Pool)。一般來說，貯藏庫所保留的物質，通常都以不能被生物直接利用的形式存在，它必須藉由某些化學作用轉變，才能夠進入交換庫中被生物所利用。以碳為例，碳以碳酸鈣 ($CaCO_3$) 的形式被貯存在海底泥層或岩層中，所以岩石圈是碳的貯藏庫；碳酸鈣必須被溶解後轉變成二氧化碳 (CO_2) 或重碳酸根離子 (HCO_3^-) 才能被生物利用，所以水圈和大氣圈才是碳的交換庫。

生態系中的碳 99.9% 都以碳酸鈣或煤、石油等化石燃料的形式保留在貯藏庫中，只有很微小的一部分進入碳循環的作用裡。至於碳在生態系中的循環，可參照圖 5-3 說明如下：

1. 生物與大氣圈、水圈之間，碳是以呼吸作用和光合作用在循環，二氧化碳經光合作用被轉變成葡萄糖等有機物保留在生物體內，而呼吸作用又把有機物氧化成二氧化碳釋回大氣或水中。雖然呼吸作用與光合作用在碳的交換速率上有日夜及季節變化，但大體上來說是相互平衡的。大氣中的二氧化碳，會溶解在水中變成 H_2CO_3 隨著降水作用流入水圈，但由於這種溶解作用是可逆性的 ($CO_2+H_2O \rightarrow H_2CO_3 \rightarrow H^++HCO_3^-$)，所以在大氣二氧化碳濃度降低時，水中的二氧化碳可直接擴散到大氣中。

2. 許多海生植物在進行光合作用時會製造碳酸鈣，還有許多古生物遺體、軟體動物的甲殼、動物的骨骼等等都含有碳酸鈣成分，這就是岩石圈中主要的碳源。岩石圈中的碳會因為風化作用、淋溶作用、燃燒作用或火山爆發把碳釋入水圈或大氣中，而大氣中的二氧化碳也會隨降水再回到岩層裡。

3. 全球性的碳循環原本是平衡的，但這種穩定狀態目前面臨人為干擾的嚴重挑戰。原因是人類工業文明大量增加燃燒作用的結果，使大氣中二氧化碳的濃度逐漸升高，其對生態環境的衝擊，已受到全球性的關注（另於第六章討論）。

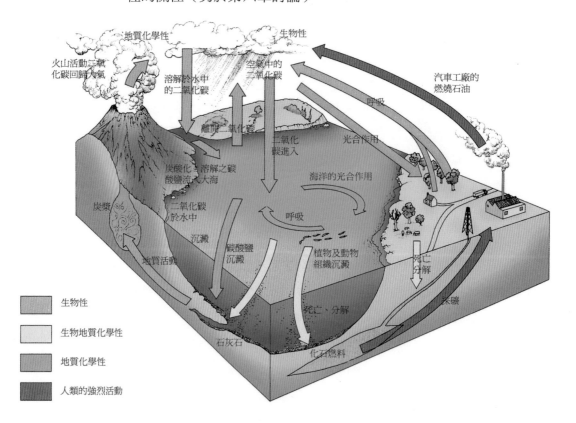

圖5-3　碳循環：大氣中和溶解在水中的二氧化碳提供生產者合成碳水化合物，碳水化合物一方面隨著營養階層傳遞，一方面經呼吸作用回復成二氧化碳回歸到大氣中。

二、氮循環 (Nitrogen Cycle)

氮是構成生物體胺基酸和蛋白質的主要元素。在生態系中，氮的貯藏庫是大氣圈，它以一般生物所不能利用的氣態氮 (N_2) 方式存在；而生物體內的含氮有機物及土壤中的無機氮分子，如氨、硝酸鹽等，則是氮的交換庫。

　　氮在生態系中的循環必須藉助許多生化反應來完成，比較重要而顯著的有固氮作用、硝化作用、氨化作用、反硝化作用等，依據（圖5-4）所示，說明如下：

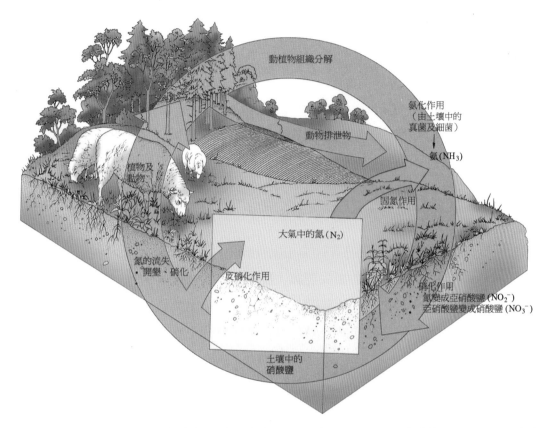

圖5-4　氮循環：自然界中的氮元素以氮氣(N_2)、氨(NH_3)、亞硝酸鹽(NO_2^-)、硝酸鹽(NO_3^-)、蛋白質等形式出現，藉由固氮作用、硝化作用、亞硝化作用、反硝化作用、氨化作用等在生態系中完成循環交換的過程。

（一）固氮作用 (Nitrogen Fixation)

　　大氣中的氮氣 (N_2) 必須被轉變成無機氮化合物，如氨 (NH_3) 或硝酸鹽 (NO_3^-) 才可被生物利用，這種變化必須依靠「固氮作用」和「硝化作用」來完成。固氮作用是把氮氣轉變成氨的化學反應，在生態系中可藉由光化學固氮，生物固氮或工業固氮三種作用來進行，其中以生物固氮最為重要。可以發揮生物固氮作用的主要是細菌和藻類，而豆科植物的根瘤菌則是陸地環境中的主要固氮者。

（二）硝化作用 (Nitrification)

只有少數的自營性細菌可以利用氨 (NH_3)，大多數植物是吸收溶解在水中的硝酸鹽 (NO_3^-) 以取得氮源。因此，固氮作用所產生的氨，必須由土壤中的亞硝化細菌把它轉變成亞硝酸鹽 ($NH_3 \rightarrow NH_4^+ \rightarrow NO_2^-$)，再由硝化細菌把亞硝酸鹽轉化成硝酸鹽 ($NO_2^- \rightarrow NO_3^-$) 才能讓植物吸收利用。

（三）氨化作用 (Ammonification)

硝酸鹽 (NO_3^-) 被植物吸收利用後形成蛋白質，如果被動物取食，蛋白質會被消化成胺基酸再重組成動物蛋白，而動植物死亡後的組織蛋白，以及動物排泄物中的含氮廢物（尿素、尿酸），則會被土壤或水中的一些異營菌和真菌類回復為氨 (NH_3)，這稱作「氨化作用」。

（四）反硝化作用 (Denitrification)

大氣中氮的損失要靠「反硝化作用」所產生的氮氣補充回來。反硝化作用必須在缺氧的土壤或海水中，由某些單孢菌和真菌來完成，其結果是把硝酸鹽 (NO_3^-) 恢復為氮氣分子 (N_2)。

（五）氮的平衡

氮的循環過程比碳複雜，而且牽涉到許多生物性或非生物性的調節機制。從理論上來說，全球性的氮循環應該是平衡的，但基於農業生產需要，人類以工業固氮的方式大量製造含氮肥料，以及大量機動汽車所排放的二氧化氮，都已直接威脅到全球氮循環的平衡。

三、水循環 (Water Cycle)

水是構成生物體最主要的成分，也是代謝作用所必需的溶劑。不管從生物的角度，或從整個生態系來看，水的重要性絕對不容忽視。

地球上的水分布在海洋、河流、湖泊、地下水、積雪以及大氣層中，其中可參與水循環的大約只占 5%，其他的 95% 都以海水或積雪的方式處於停滯狀態。推動水循環的動力來自陽光，陽光將地面水蒸

發進入氣層，氣層再以降水的方式回補地面水的損失，於是水便在地面與大氣中不停的周轉。

　　假設地面與海洋的總蒸發量為 100 個單位，那其中有 84% 是海洋的蒸發量，16% 是來自陸地，但降水量中，海洋接受的降水量為 77%，陸地接受的有 23%，因此，陸地便以河水的方式補足海洋 7% 的水量損失。所以，生態系中的水循環，在降水與蒸發之間經常可以保持平衡的關係（圖 5-5）。

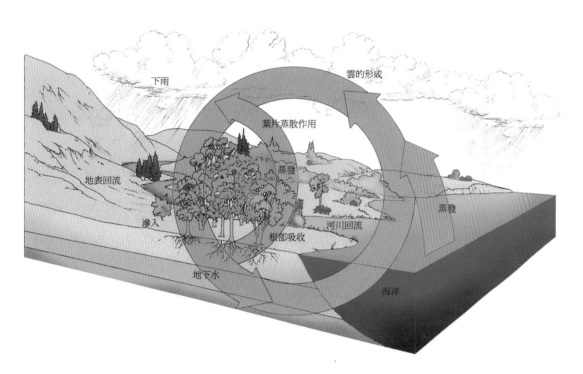

圖5-5　水循環：生態系中的水，以蒸發作用與降水作用在大氣和陸地間不停的周轉。

　　水循環的蒸發量主要來自於陽光對海洋的照射，生物體的呼吸作用與蒸散作用所占的比例不大，但是，水循環所引發的效應，卻與生物或生態系有密切的關係。一般來說，水循環可發揮下列三項功能：

（一）維持生態環境穩定

　　地球所接受的太陽輻射熱能，絕大部分被消耗於提高海水溫度和蒸發作用，使得地表環境不致於產生急劇的溫度變化。所以水循環在維持生態環境穩定方面，有極重要的貢獻。

（二）緩和地球表面溫差

從整個地球表面來看，兩極接受的日光輻射少，溫度偏低；而赤道附近接受日光輻射大，所以溫度較高。但水循環有緩和這兩地溫差的功能，其作用方式是，透過蒸發、氣流以及洋流的運送，將赤道的高溫輸往兩極。

（三）運輸營養物質

水循環的第三個功能是運送營養物質。自然界中有許多有機分子或無機元素都可以溶解在水中，因此，經由降水的淋溶作用以及地面水、洋流的流動，可以把營養物質由一處搬往另一處，這對生態系中的生產力會有相當程度的影響。例如，在高山或高原上的有機物質，往往會被河水運送到河口、沼澤或大陸棚等地。

5-8 都市生態系

全球的自然生態系可區分為海洋、淡水、陸地三大系統，其詳細分類與動物群落的歸類方式大約相同（參閱 4-3 節）。但由於人口過度膨脹和集中的結果，人類所建立的都市環境，幾乎自外於自然生態而形成一個特別的生態體系。因此，部分研究環境變遷的學者將這個研究領域稱為「都市生態系」(Urban Ecosystem)。一般而言，它應該歸類為陸地生態系中的一種人工生態系統。

一、都市生態系的特異性

有一些人還不能接受把都市當作一個生態系的概念，因為它與自然生態系確實有太多本質或表象的差別。但如果觀察大多數城市的發展，它由村莊變成鄉鎮，再由鄉鎮演化為大城，其過程與生態學中的演替階段頗為神似。而且，都市中確有其生物和非生物的生態成分，也有能量輸入和產物輸出，所以把它視為一個生態系應無不可。只是它與一般的自然生態系比較，的確具有下列明顯的特異性：

（一）以人為核心

　　都市生態系與自然生態系最大的差別是：前者以人為核心，而後者以生產者為主體。因此，如果從正常的生態結構來看，都市生態系違反了「生產者多於消費者」這個營養階層的原則。可見，都市生態系是一種不穩定的生態系統。

（二）明顯依賴周圍的生態系

　　都市生態系是一個無法自給自足的生態系統，它可能每天都必須從鄰近的生態系取得食物、水源、能源、原料等，而同樣的，它也無法自行消化本身的產物，其中包括工業生產品，加工生產品以及汙水、廢棄物等等。

（三）自我調節能力不足

　　如果以自然生態系的角度來評斷都市生態系，可以發現它既沒有穩定的營養階層，也沒有複雜的食物網，能量必須依靠外界供應，產物也要輸出消化，所以，它實在不具備什麼自我調節的能力。但畢竟它是人工生態系統，其穩定性大都依賴人為的社會體系與經濟架構來調節掌握。

二、都市生態系所衍生的問題

　　一個不穩定的生態系，想當然的會有一些問題存在。概括而言，都市生態系有下列四種問題：

（一）高密度

　　都市的自然環境通常都被嚴重破壞，且基於社會或經濟因素，都市的人口都有過度集中的傾向。

　　在動物行為方面的研究證實，囓齒類在密度過高時會有行為及生殖異常的現象，而都市生態系中表現在人類身上的則是高犯罪率及高罹病率，尤其像高血壓、中年肥胖、心血管病變、呼吸系統病變等所謂的文明病，都市的發生率都比鄉村要高出許多。

（二）高耗能

都市為了提高工商產量或服務品質，會消耗大量的能源，例如機械運轉、室內空調、人工照明等都需消耗大量的電力，而交通工具、工業燃料等則需要極多的化石燃料，如煤、石油、天然氣等。而消耗大量能源的結果，會產生大量的廢熱，造成都會區產生嚴重的「都市熱島效應」(Urban Heat Island)（專題 5B）。

（三）高汙染

都市文明的副產物是汙染。廢水、廢氣、噪音、廢棄物已成為都市環境的四大公害，而現代人的許多疾病，也都和汙染有密切關係。

（四）缺水源

都市缺水有兩個主要原因：第一是人口、產業過度集中，各種民生、工業、製造業用水量龐大。第二個原因是，都市環境因過度開發，植被被大面積砍伐的結果，根本缺乏涵養水源的條件。所以，都市生態系中的用水，幾乎都仰賴周邊區域提供。例如大臺北地區所依賴的翡翠水庫和石門水庫，其水源就是來自臺北境外的丘陵地。

三、都市生態系的改良方向

雖然都市與自然環境相隔日遠，但緣於太多政治、經濟、社會因素的誘引，目前有許多人口還是在朝都市匯集，而都市化所衍生的問題也就更形嚴重。因此，改良都市的生態環境，是眾多都市生活者的共同期望，至於應該如何著手？約有下列三個方向：

（一）控制都市規模

都市的經濟效率不一定與都市規模成正比。當一個都市擴展到某種程度時，由於內部需求的能源、水源增多，交通、汙染的壓力變大，使得都市原來所期待的高經濟效益受到折損。因此，防止已成形的都會區無限制的合併周圍衛星城鎮，並促成鄰近中小型都市發展來分擔大都市的擴張壓力，是改良都市生態的第一個方向。

（二）加強環境整治

　　都市的環境整治工作可分為環境保護與汙染防治兩類。保護措施方面，首先要調整產業結構，因為同質性產業過度集中的結果，會使都市生態的穩定性更不堪一擊。此外，像都市綠化、保護水源、疏解人口壓力等，都是重要的環境保護工作。

　　汙染防治方面，為了妥善處理都市廢水及廢棄物，在汙水處理設施及垃圾焚化、掩埋、資源回收等工作上應該付出更多的努力。而空氣汙染的控管，必須嚴格要求產業及交通工具的廢氣排放標準，噪音防治也同樣需要依法加強執行。可以預期的是，未來的都市生態運作當中，將會有更多的資源必須運用在環境整治措施之上。

（三）回歸自然生態

　　都市生態改良的最高理想，應該是回歸自然生態。雖然目前的大都市中可以實現這種理想的顯然不多，但如果能夠運用依循生態學原理所設計並執行的都市計畫，其前景仍然可期。只是，這項工作的確有其艱難度，因為它必須透過精密而科學的都市生態控制計畫，加上靈敏而有效的行政系統與法令配合，進而以區域性或全國性的著眼點調節人口、農業、工商業的分布狀況，才能使都市的自我調節功能提高，內部的破壞性壓力減弱，進而與周邊的生態系統融合，使之回歸於自然、平衡的狀態。

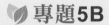

專題5B

都市熱島效應

「熱島效應」本來是氣象學上的一個名詞。意思是說：在夏季高溫又無風的海洋環境，島嶼的地面溫度會高於周圍海面的溫度，且當地表熱空氣上升，就會在島嶼上空形成積雲的現象。而從陸地的溫度分布情形來看，由於都會區的溫度明顯高於周圍郊區的溫度，就如島嶼的溫度高於周圍海面的溫度一樣，所以生態學上就延伸這個名詞的意義來形容都市的高溫情況。

島嶼的溫度大於海面的溫度，是因為海水的比熱高於陸地的原因；而都會區的溫度之所以會高於郊區的溫度，則是由下列幾項因素共同作用的結果：

1. 都會區的建築、道路、橋梁等人為設施大多由柏油、混凝土甚至是鋼鐵所打造的，這些材質都具有很高的熱容量和熱傳導率，當它們被陽光曬熱後，就會把熱量向空氣釋放，這種現象會一直持續到深夜時分，所以都會區即使到晚上也還是熱氣逼人。

2. 都會區的綠地比率太低，而且柏油或水泥地不含水分，所以熱量不會被植物的蒸散作用和水分的蒸發作用所消耗。

3. 都市裡有大量的交通工具及機器設備，這些高耗能的機器在運轉過程中會產生大量的廢熱排入空氣中。

4. 都市建築因為密閉性高，所以必須藉助空調系統維持室內溫度和空氣品質，但空調系統在降低室內溫度時，除了將室內的熱能移到室外，壓縮機、馬達等運轉時也同時會排出廢熱，所以當戶外的空氣同時接受這兩者的熱量時，整個都會區就會熱得像烤箱一般。

全世界的大城市都無法避免都市熱島效應的衝擊，以臺灣為例，臺北市四季的平均溫度比郊區高 4.5°C，而臺中、臺南、高雄也大約比市郊高出 3°C 之多，而當這種都市熱島效應再與大氣溫室效應、逆溫層等共同作用的結果，將使都市的環境品質更加惡化。

Summary 　　　摘要整理

1. 生態系的組成成分有：

    (1) 非生物成分：氣候因子、無機物、有機物。

    (2) 生物成分：生產者、消費者、分解者、轉化者。

2. 生態系中的消費者，依其取得能量、營養的方式可分為：

    (1) 草食性消費者。

    (2) 肉食性消費者。

    (3) 雜食性消費者。

    (4) 腐食性消費者。

    (5) 寄生性消費者。

3. 生態系具有下列三種基本特質：

    (1) 生態系是一個動態循環系統。

    (2) 生態系是一個自我維持系統。

    (3) 生態系是一個自動調節系統。

4. 生態系的生產作用可分為初級生產與次級生產。初級生產由綠色植物進行光合作用獲得；而次級生產是由消費者與分解者攝取初級生產物轉化而來。

5. 生物在生態系中必有其特定功能，所以在生態結構上也必有適合其存在的地位，此稱為該生物的「生態區位」。

6. 生態系中的食物鏈可分為下列三種類型：

    (1) 捕食性食物鏈。

    (2) 碎食性食物鏈。

    (3) 寄生性食物鏈。

7. 食物鏈、食物網、營養階層、生態金字塔等概念，是在表示生態系中能量流動的過程。

8. 生態系中的分解作用可分為下列三種類型：

    (1) 碎裂作用。

    (2) 淋溶作用。

    (3) 異化作用。

9. 影響分解作用進行速率的因素有三個：

    (1) 分解生物。

    (2) 分解環境。

    (3) 待分解物的特質。

10. 生物系統中的營養物質，會在生物與非生物環境之間傳遞並再生，此稱為「物質循環」。和生命作用關係最密切的有碳循環、氮循環、水循環等三種。

11. 營養循環中的「庫」，是指某種物質在生物體內或非生物環境中貯存或暫時停留的場所。依其存量的多寡及參與循環的積極性，再將之區分為「貯藏庫」與「交換庫」。

12. 推動碳循環的相關作用包括：呼吸作用、光合作用、擴散作用、溶解作用、風化作用、燃燒作用與火山爆發等。

13. 推動氮循環的相關作用包括：固氮作用、硝化作用、氨化作用、反硝化作用等。

14. 推動水循環的相關作用包括：蒸發作用、蒸散作用、降水作用。

15. 水循環在生態系中可發揮下列功能：

    (1) 維持生態環境穩定。

    (2) 緩和地球表面溫差。

    (3) 運輸營養物質。

16. 都市生態系與自然生態系比較，具有下列三種特異性：

    (1) 以人為核心。

    (2) 明顯依賴周圍生態系。

    (3) 自我調節能力不足。

17. 都市生態系所衍生的問題有：高密度、高耗能、高汙染、缺水源等四項。

18. 都市生態系的改良方向有下列三個：

    (1)   控制都市規模。

    (2)   加強環境整治。

    (3)   回歸自然生態系。

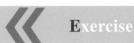

( ) 1. 生態系中的生物因子因擔任的功能可分為四種角色，下列何者不包括在內？ (A) 生產者 (B) 消費者 (C) 分解者 (D) 合成者。

( ) 2. 以下對生態系中各生物因子角色的敘述何者錯誤？ (A) 生產者包含利用日光行光合作用的綠色植物等以及利用氧化無機物而獲取能量的化學合成細菌 (B) 消費者指的是必須從生產者或其他消費者那裡取得能量和營養的一群異營性生物 (C) 分解者又稱為還原者，功能是將有機物分解成無機物，然後再將生態系中的非生物成份轉變為生物成分 (D) 轉化者的作用是將分解者分解的無機物，轉換成可被植物吸收的形式，使其在生態系中得以繼續循環利用。

( ) 3. 下列何者不是生態系的基本特質？ (A) 生態系是一個動態循環系統 (B) 生態系是一個自我維持系統 (C) 生態系是一個自動調節系統 (D) 生態系是一個主動擴張系統。

( ) 4. 有關生態系生產作用的敘述，何者正確？ (A) 綠色植物經由光合作用，將光能轉變成化學能而儲存在有機物中，稱為「次級生產」 (B) 生態系中的消費者和分解者，直接或間接攝取初級生產物，再經由同化作用或繁殖作用轉換成身體物質或子代的過程，稱為「初級生產」 (C) 淨初級生產量會因群落的周期性變動而有規律性的變化 (D) 淨初級生產量轉換成次級生產量的過程中不會消耗，完全可以被消費者所運用。

( ) 5. 生態系中，許多生物之間，都存在著連鎖性或網絡性的消費關係，以下何者為錯誤的說明？ (A) 生態系中的生物成分透過食物鏈的關係把生產者所儲存的能量，在生態系中逐層傳遞 (B) 如果有兩種以上的生物同時占據相同的生態區位時，可能對生態系統的穩定性是有幫助的 (C) 營養階層的理論基礎，是把食物鏈中同一環節的所有生物歸納在同一個層級裡，可以完全無困難的把所有生物加以歸類進行能量流動的探討 (D) 生態金字塔是從各階層的生物數量分析，從生產者、初級消費者逐漸往上

到高階消費者，每一層的數量因營養階層能量流動過程中的流失，而造成逐層遞減的金字塔型結果。

( ) 6. 下列何者不屬於分解作用的類型？ (A) 霧化作用 (B) 碎裂作用 (C) 淋溶作用 (D) 異化作用。

( ) 7. 有關碳循環的敘述何者錯誤？ (A) 生態系中的碳 99.9% 都以碳酸鈣或煤、石油等化石燃料的形式保存 (B) 生物與大氣圈、水圈之間，碳是以呼吸作用和光合作用在循環 (C) 岩石圈中的碳會因為風化作用、淋溶作用、燃燒作用或火山爆發把碳釋入水圈或大氣中 (D) 大氣中氧氣的濃度逐漸升高，是因為人類工業文明大量增加燃燒化石燃料的結果。

( ) 8. 下列何者不是氮循環過程中參與的生化反應？ (A) 固氮作用 (B) 氮化作用 (C) 硝化作用 (D) 氨化作用。

( ) 9. 下列何者不是水循環的功能？ (A) 促進碳循環速率 (B) 緩和地球表面溫差 (C) 運輸營養物質 (D) 維持生態環境穩定。

( ) 10. 下列何者不是改良都市生態系的方法？ (A) 加強環境整治 (B) 控制都市規模 (C) 強化人口集中 (D) 回歸自然生態。

1. 模擬生態系構造原理設計一個水族箱或昆蟲培養箱，指出其非生物成分與生物成分，並說明其能量輸入與流動的過程。

2. 古代有個皇帝，宰相向他報告百姓饑荒，沒有飯吃。他反問：「何不食糜？」現在，請就生態學原理回答他的問題。

3. 生產者、消費者、分解者應如何界定？在生態分解作用中，三者的功能是否完全不同？

4. 何謂「轉化者」？請在氮循環的過程中找到轉化者並說明其功能。

5. 討論生態系中的能量流動與物質循環的相異及相同之處。

6. 討論都市生態系與一般自然生態系有什麼差異。

7. 以你所居住或就學的都市，討論你所感受到的生態問題。

8. 如果要將全球環境歸納成幾個主要的生態系，討論該如何分類。

CHAPTER **06**

生態平衡與生態失調

 6-1 生態平衡的特質

　　生態系的發展過程中，不同階段所表現出來的結構與功能是各異的。有些學者以能量學、群落結構、營養循環等指標去比較生態系發展的各個階段，發現成熟穩定的生態系一般都具有下列幾項特質：

一、有多樣化的組成成分

　　一個穩定、平衡的生態系，其內部的生物成分是多樣化的，而且彼此之間的協調適應，都會呈現出相當程度的依附和共生現象。至於非生物成分方面，成熟的生態系會比發展中的生態系具有更多的有機物總量，也有較多的無機物從環境中流入生物體內貯存。另外，在生態空間運用上，成熟的生態系有更豐富的垂直分層與水平分布變化。

二、有複雜化的傳遞途徑

　　生態系中的傳遞功能表現在三種作用上：第一是能量流動；第二是物質循環；第三是信息傳遞。能量流動與物質循環已於第五章中做過介紹，目前已知，在穩定的生態系中，由於錯綜複雜的食物網，以及同一營養階層中有多樣的族群組合，所以即使在生態系中的物種略有變動時，也會因為代償功能的發揮而維持住物質與能量傳遞的穩定性。

　　至於信息傳遞方面，指的是動物運用物理或化學的方法來表達其外在行為或內在生理的訊息。例如鳥類以羽色、鳴聲來表示其威嚇、警戒或求偶的意思；哺乳類以氣味來標記其活動領域或吸引異性等。雖然，這看來是一種族群內的行為表現，但對生態系而言，有越複雜豐富的信息傳遞，表示有越多不同的族群組合，且族群內的連繫、互動情況也越好。所以，一個穩定的生態系，其能量流動、物質循環、信息傳遞等三種作用的途徑，必然都是較複雜且多變的。

三、有平衡的能量進出

　　一個發展中的生態系，它的初級生產量會較高，也就是說，它有較強的貯存能量功能。但隨著生態系趨向成熟穩定後，生態系中的總生產量與呼吸消耗量的比值會接近於一。這是代表「生態系自外輸入的能量與向外輸出的接近平衡」。況且，由於生態系成熟後，其內部的營養循環更傾向封閉型態，所以在物質的輸入與輸出方面，也就近乎相等了。

四、有自我修復的調節能力

　　緣於複雜的食物網、食物鏈關係，也基於各類多變的傳遞途徑，一個成熟穩定的生態系會具有較高的抗干擾能力。所以，一個平衡的生態系即使受到某些內在或外來的破壞，它仍會經由自身的調節能力而達到自我修復的功能。至於這種自動調節能力如何發揮作用，將在下一節裡另作討論。

6-2　生態系的調節機制

　　已知生態系是否平衡穩定，和其自身的調節能力有關，而調節能力的發揮，則依靠下列三種機制所展現的結果。

一、輸出與輸入的調節

　　物質與能量的輸出、輸入平衡，是生態平衡所具備的特質，如果一個生態系中輸入的能量減少，那它就會以降低總生產量來因應。舉例來說，假設有一個池塘因為雨量減少，使得水域面積縮減，藻類與水草的初級生產量降低，那在這個情況下，草食性動物如魚、蝸牛等就會因為食物競爭而降低族群密度，水禽、蛇類也會因為捕食機率減少而遷出這個生態系。這就是調節輸出以平衡輸入的作用機制。

二、負回饋控制調節

　　當生態系中的某一種組成成分發生變化時，由於食物鏈或其他傳遞途徑等因素，會使生態系內的相關成分也引發一連串的因應性改變，但最終產生的結果是：「回過頭來抑制最初的變化不要再繼續下去」，這就是所謂的負回饋控制 (Negative Feedback)。例如，某森林群落中的鳥類大量增加（最初變因），於是繁殖季節來臨時，其巢數與子代數量也相對成長，但因為空間與食物競爭加劇的結果，使得很多雛鳥因為缺乏食物而不能育成。因此，最終的結果是鳥類的數量受到抑制減少（最初變因消失）而恢復原來的平衡狀態。負回饋機制除了在維持自然界的平衡具有舉足輕重的角色，對於生物體內衡定性的維持也極為重要，例如血糖、血壓的控制，就是依靠荷爾蒙進行負回饋機制維持在一個穩定的範圍內，讓動物得以正常的生活。

三、生物與環境間的適應調節

　　生態系的變化，可能起源於非生物成分的變動（如氣候變化）；也可能由生物成分的改變所引發（如大量遷出或遷入）。因此，第三種生態調節機制，就表現在生物與環境間的適應變化上。換個角度來說，不論變因是來自生物或環境，對應的另一方都會以因應性的改變來調整雙方的互動，使彼此的關係再恢復到原有的協調狀態。

　　先從生物應付環境變動的部分來看。一般生物會以改變自身生理、形態或行為等來調整自己與環境的關係。例如，臺灣冬天的低溫原本不適合吳郭魚的生存，但經由一代代的遺傳生理調節，吳郭魚已經在臺灣全島定居下來，這就是調節生理以適應環境的一例。另外，像高緯度地區生物通常體型較大，體表散熱率較低，而低緯度地區生物體形則較為小型，體表散熱率較佳，就是為了適應氣溫高低而產生的型態適應差異（專題 6A），此外候鳥春秋二季的遷徙，則是因為季節性的氣候變動而造成的行為適應。

　　相對的,非生物環境也會受到生物分布或活動的影響而發生變化。例如在森林群落的演替過程中,土壤所含的成分、濕度,甚至局部性的氣候條件,都會隨著群落組合的變動而有顯著的不同,這即是環境對生物的適應現象。

🍃 專題6A

體型大小與表面積／體積比

　　動物的體型通常和結構、功能有關,進而成為型態和生理適應上的限制因子,例如體溫的調節和體型大小有密切的關聯性,其中表面積／體積比 (Surface Area/Volume) 占有重要的影響,舉例來說,邊長 1 公分的正方形,體積為 1 立方公分,表面積為 6 平方公分,其表面積／體積比為 6,而邊長 2 公分的正方形,體積為 8 立方公分,表面積為 24 平方公分,其表面積／體積比縮減為 3,因此體積越小的動物,表面積／體積比越大,散熱速率越快。所以生活在低緯度地區的動物,為了適應高溫的環境,必須增加體溫的散熱速率,就演化形成了較小的體型;生活在高緯度低溫地區的動物,則必須保持體溫以維持生命,因此演化出較大的體型以降低失溫的機會。

四、抵抗力調節

　　生態系承受外來干擾的耐受度稱為抵抗力。構造越複雜、發展越成熟的生態系,就會表現出越強的抵抗力來。例如,森林群落對乾旱的耐受度就比草原群落要高一些;而海洋生態系對抗汙染的自淨作用也比湖泊、河流要強許多。由此可見,生態系對外來的干擾,可以藉由自身的抵抗力來度過一時的難關。

五、恢復力調節

生態系如果遭受強力的干擾，原有的平衡狀態可能被嚴重破壞，甚至整個生態系的既成相貌也都完全改變，但某些生態系在經過一段時間之後，仍然可以回復原來的狀態，這就是生態系的恢復力。一般來說，恢復力源自於生物延續其生命的堅韌本質，很多植物的種子或根、莖等繁殖體，即使在乾旱或火災過後，都還有伺機而動的能力，一旦破壞生態的變因消失，生態系會迅速再現旺盛的生命力，而生態系也會以比原生演替更快的速度重現其本來的面貌。

 6-3 生態失調的徵兆

儘管生態系具有各種自動調節的功能，但如果干擾強度過大，或承受干擾的時間過久，生態系仍然難逃被毀滅的命運。一般而言，這類重度干擾因子大概可以分為兩類：一是自然災變；另一是人為破壞。自然災變如火山爆發、洪水、火災、地震、海嘯等，通常破壞性強且無法預測，但所幸影響的面積通常都不大，頻率也不高。至於人為破壞則是目前生態系真正面對的嚴重威脅，因為像水源汙染、空氣汙染、過度開墾等，其干擾本質都是漸進而長遠的，所以不管在強度方面或時間方面，生態系所承受的，可能都已超過其自動調節能力的極限。於是，下列各種生態失調的徵兆便逐漸顯現。

一、組成成分缺損

生態失調的第一種徵兆是構成生態系的某種成分消失了，常見的例子是人工性的森林砍伐。在森林群落中，喬木是生態組成中的優勢族群，一旦被全面砍伐，則不只是依附其生存的消費者被迫遷移或消失，甚至整個氣候條件如日照、濕度、水分等也都因而改變，於是伴生族群也面臨連鎖破壞的危險。可見，成分缺損可能引發生態系嚴重的生存危機。

二、結構比例失衡

比成分缺損較輕微的徵兆是生態結構比例失衡的問題，這是指穩定的營養階層遭受干擾，使「底層多於上層」的比例關係發生變化。例如，若在農田生態系中大量捕殺麻雀，原本希望以此來減少穀物被掠食的損失，但麻雀減少的結果，卻引發有害性昆蟲大量繁殖，結果農田的生產量反而相對減少。可見，生態結構比例平衡時，才能有良好的生產力。

三、能量流動受阻

能量流動受阻經常伴隨食物鏈破壞或營養階層比例失衡而出現，所以能量流動受阻有很多不同的情況，最常見的是初級生產者或是某一層級的消費者數量驟減，使得其後的營養層級都受到連鎖性的影響，例如森林被大面積砍伐，造成森林性猛禽像是鳳頭蒼鷹的數量減少，其獵物赤腹松鼠因為缺乏天敵的抑制而大量繁殖，接著因食物缺乏，開始啃食樹皮造成更多的森林樹木遭到環狀剝皮而枯死，連帶地造成森林生態系的進一步崩壞。還有一種比較特殊的現象是，如果生態系中出現太多的「無效能」也是生態失衡的徵兆。例如在河川或湖泊等水域中，因為有機物汙染使得藻類大量繁殖，表面上看來，藻類增加是初級生產量增加，魚類的收獲應該也跟著提高才對。但實際的結果卻是：藻類在夜間進行呼吸作用，加上大量老死的藻類腐化，使得水體溶氧降低，魚類反而大量死亡。因此，無效能的增加對能量流動或生態平衡都是沒有助益的。

四、物質循環中斷

正常的生態系中，生物與環境之間不斷的在進行物質交換，這種生生不息的循環現象是生態穩定的指標。但在許多人為干擾下，物質循環中斷是目前常見的生態失調徵兆。譬如說，在蔬菜耕作區內，正常的循環是土壤中的無機物被蔬菜吸收，而植物的根、莖、葉老化後

應再分解而回歸到土壤裡；但由於人類全株採收的結果，使得環境中的無機物只失而不得，這就是典型的物質循環中斷，而為了彌補這段失落的環節，農業上以人工施肥的方式來補足物質的損失，但長期下來，土壤中的分解者、轉化者也將出現變化。最後，生態失衡、產量降低等問題也就無可避免了。

 ## 6-4　現存的生態失調問題

生態失調是確實存在的，並且隨著人類科技文明的發展，以及活動領域不斷擴張，生態問題有更多、更複雜的傾向。如果以問題的核心來區分，全球性的生態失調問題有人口、糧食、水、大氣、海洋、土壤、物種滅絕與物理汙染等八大項。

一、人口問題

人口暴增是貧困和汙染的根源，因為要應付人口成長的需求，人類必須擴張耕地、伐林建屋、提高工業生產等等，於是生態失衡的問題也就源源不斷的出現（圖6-1）。所以，如果說人口問題是一切生態問題的禍源其實並不為過。只是人口問題牽涉到許多社會和政治層面，問題的本質也不僅只是「量的增加」而已，它還伴隨著其他人口老化、素質下降、少子化等現象，這都是在討論人口問題當中不可忽略的。

（一）世界的人口成長趨勢

距今一萬年以前，人類仍以漁獵為生，全球人口估計不到1,000萬。其後由於農牧業發展，人口出現第一次增長，到西元初年，世界人口大約增加到1億5千萬。工業革命之後，人口出現第二次大規模的成長，西元1800年時，人口總數達8億5千萬，而十九、二十世紀的人口增加速度，幾乎已達到所謂幾何級數的模式，目前全球的總人口數在2022年11月15日正式突破80億人，還在持續成長中。

圖6-1　人口增加所衍生的生態問題：為了解決人口增加而產生的居住需求，大量山坡地被開挖建屋，這是在臺灣普遍可見的生態問題。（基隆・中山區）

　　中國一向是世界上人口最多的國家，在西元初年就大約有 5,000 萬，約是世界人口的三分之一，至 2021 年約有 14.2 億人口。如果再加上臺灣的 2,337.5 萬以及全球的華裔人口，全世界的華裔人口大約占全球人口總數的四分之一。

（二）人口增長的區域性差異

　　人口雖然急遽成長，但在地理分布上卻有明顯的區域性差異。根據一些調查報告顯示：全世界人口增加最快的地區是非洲和拉丁美洲，其次是亞洲，而歐洲、北美地區則是增長率最低的。換句話說，人口增長率的高低是與現代化程度有關的。在教育普及，生活水平與婦女地位較高的國家，配合人口控制技術的推廣，人口成長率普遍都比開發中國家要低了許多（圖 6-2）。

圖6-2　人口問題：人口增長率與現代化程度成反比，經濟、
教育程度較低的區域，其子女數就越多。（尼泊爾・奇旺）

（三）人口素質的隱憂

　　所謂人口素質，是指人民健康狀況、文化水平、知識道德、生產
技能等綜合表現。但由於目前全世界人口增長最多的地區都分布在開
發中或經濟、教育較落後的國家，而且已開發國家中的教育、收入較
高的家庭，其子女期望數也普遍低於中低收入家庭。因此，人口素質
是否會因而劣化，是人口問題的另一項隱憂。

（四）人口傾向老齡化

　　如果一個國家或地區，其 60 歲以上人口占總人口數 10% 以上，
或 65 歲以上人口占總人口數 7% 以上，則稱該區域為老齡化社會。就
目前的趨勢來看，已開發國家大都具有老齡化的人口結構，而開發中
國家因生產與醫療技術的改良，人民疾病、死亡率顯著下降的結果，
也都正快速的朝向老齡化社會邁進。可見，人口結構逐漸老齡化是全
世界的共同趨勢。

　　依據統計，臺灣人口早在 1993 年時，65 歲以上人口數已占總人
口數 7.1%，開始進入老齡化社會。但從另一個角度來看，老齡化也象

徵知識、經驗、智慧的累積，如果充分運用，對社會發展必有助益，
惟社會福利、醫療服務等配套措施也應積極配合。

二、糧食問題

　　糧食問題攸關耕地面積與人口數量。從耕地面積來看，世界農田
每年以千分之一的比例增加，但人口的平均年成長速率是百分之二，
所以全世界人口平均可分得的耕地是越來越少。不過，由於農業生產
技術的改良，從 1950~1983 年間，每人平均可得的糧食仍然增加了五
分之一。但必須特別強調的是，糧食產量與人口分布是不成正比的：
在歐美、加拿大等地區，其糧食產量占全球的二分之一，但總人口數
卻只有 30%，所以地球另外 70% 的人口，其實只能分享剩餘的另一半
糧食而已。因此，估計目前全球仍有三分之二的人口居住在糧食生產
不足的地區，而有五分之一的人口仍處於營養不良的狀態。

　　為了解決糧食不足的問題，擴大耕地與改良農技是迫切需要的，
但是種種措施的後果，對生態環境也必然產生相當程度的衝擊，例如
森林被砍伐，肥料、農藥的濫用，以及水源供需失調等，都可能在發
展農業的過程中伴隨出現（圖 6-3）。

圖6-3　山坡地濫墾：為了解決人口過多所導致的糧食壓力，
山坡地被大量開發成耕地，但其後的生態問題卻接踵而來。
（尼泊爾・登利科）

　　臺灣雖然糧食供應無虞，行政院農業委員會2000年發布稻米自給率達92%，但整體糧食自給率卻僅有31.67%，2021年更下降至31.3%，主要在於小麥、玉米及大豆等雜糧幾乎全依賴進口。因臺灣耕地狹小且零碎，無法以大型機具栽培，因此雜糧作物栽植成本遠高於國外，進口便宜的國外農產成為最佳選擇，但在國際原油上漲，運輸成本增加且區域情勢不穩（烏俄戰爭）的影響下，進口雜糧成本節節上升，臺灣如何提升整體糧食自給率，將成為不可忽視的國安戰略問題。

三、水的問題

　　全球的水問題可分為水源不足、水汙染、地下水超量抽取三方面來討論：

（一）水源不足

　　全球的水體包括海洋、河流、湖泊、沼澤、水庫、冰川、兩極冰原及地下水等，其中海洋占地球總水量的97.2%，剩下的2.8%才是淡水水體。但淡水中又有77%被凍結在冰川和兩極冰原中，所以實際可供動、植物以及人類使用的水，只占全球總水量的0.65%而已。

　　依據聯合國糧食農業組織估計，西元2000年時，全球需水量為50,000億噸，約占降雨量的15%。但由於降水分布與耕地、人口分布並不成比例，因此「水多地少」或「水少地多」的情形仍然存在。以中國為例，長江以北耕地占64%，水資源分配不到18%；而長江以南耕地占36%，但水資源卻多達82%以上。所以，有些地方乾旱成災，也有些地方卻為洪澇所苦，這是歷來就有的現象。

　　臺灣雖然年降雨量平均高達2,500公釐，約為世界各國平均值（973公釐）之2.6倍，卻因人口密度高且工業發達，用水量龐大，水利署估計2021年起臺灣水資源需求每年將增加20億公噸；然而總供水量僅能提供19.2億噸，每年平均將會短缺800萬噸水量。此外受季風氣候與地形影響，各季節和全臺各地降雨並不平均，因此必須積

極開發包括地下伏流水以及海水淡化等新型態水源，且進行南北水源調度，方能達到用水無虞。

　　水源不足、分布不均是人類苦惱已久的問題，但再加上近代水汙染的情況日益嚴重，如何獲得乾淨而足夠的淡水已變成是全人類的艱困任務。而根據聯合國兒童救濟基金會推測，開發中國家約有 20 億人口（約全球人口三分之一）正遭受缺水之苦，可見水源不足的問題其實是十分嚴重的。

（二）水汙染 (Water Pollution)

　　水體遭受汙染，使水源不足的問題更加惡化。目前已十分嚴重的水汙染問題有優養化與毒性汙染二種：

1. 優養化

　　所謂的優養化 (Eutrophication)，是指水體被過多的氮、磷、鉀等有機營養物所汙染，導致水中的藻類大量增殖。在汙染初期，水色一般會呈現綠、褐色，或是水面有布袋蓮等植物增生。這種情況下，白天水中的光合作用旺盛，溶氧充足，但到夜晚，動、植物及繁殖過多的藻類一起進行呼吸作用時就會出現缺氧的狀況，於是，部分藻類及動植物便死亡而沉入水底。而當汙染更形惡化，水中的溶氧會全部被呼吸作用以及水底有機殘骸的分解作用所耗盡，最後水中除了厭氧性細菌能夠殘存外，一般的動植物則全部消失，且因為水底有沼氣產生，故有惡臭出現（圖 6-4）。

　　優養化的汙染源是氮、磷、鉀等有機物，主要是來自耕地或果園流失的人工施肥，其次是含有排泄物、食物殘渣及含磷清潔劑等生活廢水和畜牧業廢水。據調查，臺灣有四分之一的河川、近二分之一的水庫均已遭受優養化威脅，像淡水河下游及幾條流經都會區的河流，其優養化的程度幾已到了難以整治的地步。

圖6-4　水質優養化。

(a) 溪流優養化初期，水中藻類大量繁生。（楓港溪）

(b) 湖泊中布袋蓮大量繁殖，是水質優養化的徵兆。（臺東・大坡地）

(c) 在優養化的水庫中，布袋蓮占滿大面積的水域。（高雄・阿公店水庫）

2. 毒性汙染

　　會對水體造成毒性汙染的汙染源主要是重金屬及有機毒物。前者像汞、鎘、鋅、銅、鉛、鋁等；後者如有機氯、有機磷、多氯聯苯以及芳香族胺基化合物等，其來源大都是農藥和工、礦廢水。這類重金屬及有機毒物被排入環境中後，通常都不易分解但卻容易被生物吸收，且由於在生物體內無法代謝，所以不是對生物造成毒性反應，就是堆積在生物體中進而擴散汙染的嚴重性。例如 D.D.T. 殘留問題，以及1986年在臺灣發生的「綠牡犡事件」，便是這類汙染的最好例證（專題 6B）。

　　D.D.T. 是一種有機氯殺蟲劑，由於它對昆蟲有良好的殺滅效果，因此在二次世界大戰後被全世界廣泛使用。但不幸的是，D.D.T. 除了滅蟲之外，連帶的也使水中的魚類、甲殼類等大量死亡。更嚴重的是，後來又發現 D.D.T. 會在食物鏈中逐層累積，例如：水中如果含有 0.00005 ppm（1ppm ＝百萬分之一）的 D.D.T，那在浮游生物體中就

有 0.04 ppm，貝類及小型魚類則有 0.42 ppm，而在食物鏈最末端的海鷗、水禽等，其體內 D.D.T. 的含量竟然高達 18.5 ppm 之多，這就是所謂的「生物累積作用」（圖 6-5）。可見，這類不易分解的毒性物質，不但可以長時間的破壞生態平衡，對人類的危害也必然是相當深遠的，瑞秋·卡森 (Rachel Louise Carson) 所著知名自然文學經典「寂靜的春天」對此有深入的描寫，喚醒一般大眾對農藥與環境汙染的警覺，也促使美國在 1972 年立法禁止在農業使用 D.D.T.，現今，D.D.T. 已被大多數國家所禁用。

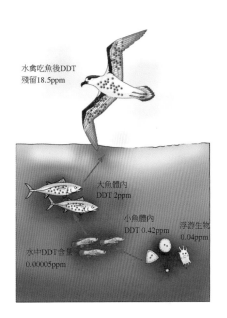

圖6-5　生物累積作用：D.D.T. 在水域生態系中，會隨著食物鏈在生物間逐層累積。

（三）地下水超量抽取

在水源不足又加上汙染普遍存在的情況下，為了滿足用水的需求，某些地區會以鑿井抽取地下水的方式來解決問題。在以往，由於井水以人力抽取，而且以供應民生用水為目標，故抽取的水量有限，也不至於造成後遺症。但近來改以動力機械大量抽取深層地下水供應工業及養殖用水的結果，地質構造遭受破壞而出現嚴重的地層下陷現象。例如臺灣雲林、嘉義、屏東的沿海鄉鎮，因為超量抽取地下水供應養殖所需，結果造成海水倒灌而被淹沒在海水裡便是（圖 6-6）。臺灣高速鐵路行經雲林地層下陷地帶，亦受影響，依臺灣高鐵公司「109 年度高鐵沿線地層下陷監測成果報告」指出，在雲林地區計有 3 處下陷區，下沉量介於 2.5~3.9 公分，仍在安全許可值以內，且透過工程方式調整盤式支承墊來減少差異沉陷以維護行車安全。

圖6-6　地下水井：大量抽取深層地下水是造成地層下陷的主因。（雲林・麥寮）

專題6B

綠牡蠣事件

　　牡蠣又叫「蚵仔」或「生蠔」，是一種營養豐富的水產食品，如果新鮮衛生，在許多國家都有生吃鮮蠔的調理方式。在臺灣，牡蠣也是我們餐桌上經常食用的佳餚，還有「蚵仔麵線」、「蚵仔煎」更是大街小巷隨處可見的傳統小吃。

　　1986 年 1 月間，高雄市茄萣區的養殖牡蠣呈現不正常的綠色，而且出現的養殖面積廣達 450 公頃。經調查及實驗分析發現，茄萣區養殖的牡蠣之所以變綠，是因為它位於二仁溪河口，而二仁溪上游有眾多的廢五金處理廠，業者以鹽酸、硫酸、硝酸等液體酸洗廢五金後，將未經處理的廢液直接排入二仁溪中。當這些含有高濃度重金屬汙染的廢液隨著溪水流到河口後，附近養殖的牡蠣將銅離子吸收堆積在體內，顏色就轉變成奇異的翠綠色。

　　由於牡蠣對銅離子的毒性具有極高的忍受力，所以即使在體內堆積高濃度的銅離子也不至於死亡。但人類對銅離子的毒性非常敏感，微量吸收就可能引發中毒症狀，所以這些被汙染的綠牡蠣只好全部焚毀以免危及民眾健康，而因此所造成的損失估計高達四千餘萬元，這就是臺灣水質汙染史上名噪一時的「綠牡蠣事件」。

四、大氣問題

　　大氣圈是生態系中很重要的一環，其主要成分 78.09% 為氮氣，20.95% 為氧氣，其他還有氬氣、二氧化碳以及氖、氦等微量氣體。目前大氣所顯現出來的問題，其嚴重性與複雜度都比水問題有過之而無不及。如果概略區分，可從空氣汙染、酸雨、大氣溫室效應、臭氧層破壞、逆溫層加重空氣汙染的嚴重性等五方面來討論。

（一）空氣汙染

　　空氣汙染 (Air Pollution) 是指在某一區域內，空氣中被輸入一種或多種的汙染物，並持續一段時間足以對動、植物和人類產生危害的現象。至於空氣汙染物則可分為下列六種：

1. 粉塵

　　粉塵來自燃燒以及機械震動所產生的微粒，而依其粒徑又可分為落塵及懸浮微粒兩種（圖 6-7）。粉塵可以進入人體的呼吸系統而導致疾病，也會和二氧化氮、二氧化硫結合變成刺激性極強的酸霧危害人體的健康。目前臺灣依據懸浮微粒粒徑大小分為 PM10 和 PM2.5 二類主要汙染物，其中 PM2.5 為直徑 $\leq$ 2.5 微米 (μm) 的懸浮微粒，稱為細懸浮微粒，不到髮絲粗細的 1/28，非常微細可穿透肺部氣泡，並直接進入血管中隨著血液循環全身，會對人體及生態造成不可忽視的危害。

2. 光化學煙霧

　　光化學煙霧 (Photochemical Smog) 是燃燒作用所產生的碳化氫和氮氧化物被陽光的紫外線照射後，轉化成一種半透明的有毒煙霧，其成分為臭氧、醛類、烷基硝酸鹽等。這類物質會刺激人類的眼睛、呼吸道黏膜而造成發炎疼痛，嚴重的會有視力衰退、呼吸困難、動脈硬化等症狀（圖 6-8）。

圖6-7　粉塵：機械性的振動，是造成大量粉塵的原因之一。（南橫・梅山）

圖6-8　光化學煙霧：燃燒作用所產生的碳化氫和氮氧化合物被紫外線照射後會轉化成一種半透明的有毒煙霧。（高雄・林園）

3. 二氧化硫

　　二氧化硫是空氣中最主要的汙染氣體，它的來源是從煤、石油燃燒所產生的，尤其是高硫煤燃燒所產生的廢氣含量更高。二氧化硫進入人體後，會溶解於呼吸道表面的水分而變成硫酸，對呼吸系統有強烈的刺激作用；至於在大氣中，它則可以和水蒸氣結合變成酸雨造成其他的危害（圖6-9）。

4. 氮氧化物

　　氮氧化物指一氧化氮和二氧化氮，主要來源也是燃燒作用，但部分氮肥廠、石化廠也會排出含氮廢氣。一氧化氮也是形成酸雨的另一成分，其危害性和二氧化硫類似；而二氧化氮經研究證實和致癌性有關，且在果樹栽培方面有不利的影響。

圖6-9　空氣汙染源：未經處理即排放的燃燒黑煙，其中含有二氧化硫等多種空氣汙染源，會衍生各種生態問題。（嘉義・東石）

5. 一氧化碳

約 80% 的一氧化碳是由汽車所排放的，它可以引發貧血、心臟病、呼吸道疾病等，嚴重時則立即死亡。

6. 氟化氫

氟化氫的汙染量雖較少，但毒性卻比二氧化硫超過二十倍，其主要汙染源是來自肥料廠及電解廠的製造過程。氟化氫對呼吸道有腐蝕作用，會導致鼻中隔穿孔、肺炎、肺水腫等嚴重傷害，對養蠶業及果樹栽培也有所威脅。

（二）酸　雨

早期對酸雨的認定是以 pH 值低於 5.6 為準，但之後有多數環境學者將之修訂為「pH 值低於 5.0 的雨水是所謂的酸雨 (Acid Rain)」，臺灣環保署也採用修訂後的標準。酸雨形成的原因是：空氣中的一氧化氮或二氧化硫被陽光照射產生光化學氧化作用，其後溶解在空氣中的水蒸氣而成硝酸或硫酸，再隨雨水落下即成酸雨。

由於大氣中的盛行風、季風等會長距離的飄送一氧化氮、二氧化硫等汙染物，所以酸雨的影響區域極為廣泛，目前，它已被聯合國認

定為全球性汙染問題之一。在臺灣，都會區酸雨的情況極為普遍，且由於冬天的季風將大陸地區的汙染源往南吹送，所以基隆和東北角地區的酸雨問題頗為嚴重。

　　酸雨會造成土壤氫離子濃度增加而將植物所需的礦物質營養元素置換流失，僅留下具生理毒性的鋁等重金屬離子而對植物造成傷害，酸雨也會破壞兩棲類皮膚結構，而造成青蛙等生物的死亡。因此酸雨的破壞性是多面化的，它會讓農、林、養殖業減產，也會使淡水魚的受精卵及幼魚中毒而降低族群量；另外，在土壤方面也會影響微生物的群落構造，使分解者、還原者作用降低而減弱生產力。最近還有些研究顯示，伴隨酸雨而來的汞、鎘等重金屬，會隨著食物鏈進入人體而危及人類的健康。

（三）大氣溫室效應

　　從一些客觀的紀綠顯示，地球的平均溫度在二十世紀上升了 0.56 °C，而且推測到 2050 年時，可能還要再上升 2.22 °C。大部分的環境學家認為：地球溫度升高是因為大氣中的「溫室氣體」濃度增加，使得地球有如一個溫室般在吸收熱能，這就是所謂的「大氣溫室效應」。

　　溫室氣體指的是二氧化碳、甲烷、臭氧等，其中最主要的是二氧化碳。二氧化碳在二十世紀以前的濃度約是 290 ppm 以下，但到目前已高達 350 ppm，科學家還估計，到 2030 年時將可能升高到 570 ppm 左右。可見，二氧化碳的增加速度極為驚人。至於何以會如此快速的成長，主要原因是人類不斷增加燃燒作用，而且又砍伐森林使光合作用減少所致。

　　至於大氣溫室效應究竟如何形成？則可以把它分成下列四個階段來說明：

1. 大氣溫室氣體增加

　　由於光合作用減少，燃燒作用增加，大氣內的二氧化碳濃度日漸提高。另外，工業所釋放的甲烷、臭氧、光化學煙霧等，也使得大氣中的溫室氣體越來越多。

2. 短波光穿透溫室氣體進入地球

太陽光是一種短波光，穿透力強，約有 45% 的光能可以穿透包含溫室氣體的大氣層而被地表吸收，使得陸地和水域因而溫度上升。

3. 長波輻射被溫室氣體截留

日光照射在地表後，因為部分能量被吸收，所以轉變成波長較長的反射光，反射光本應以長波輻射的方式向大氣層外釋放，讓地球的吸熱與排熱維持平衡。而一旦溫室氣體濃度增高，由於長波輻射的穿透力弱，所以在向外釋放時就有一部分會被溫室氣體阻擋而再折返地表，於是這些長波熱能就在地表與溫室氣體間來回反射。

4. 氣層溫度提高

被阻擋的長波輻射最終會轉變成熱能而保留在大氣層內，且新的短波光又繼續進入，在這種入多出少的情況下，氣層溫度便逐漸上升。這種作用，其實就如園藝溫室或是把汽車停在陽光下的情況是完全相似的，所以才稱做「大氣溫室效應」。有許多研究在評估大氣溫室效應的結果，一般認為，如果二氧化碳的濃度再增加一倍，全球平均氣溫將會上升 1.5~4.5°C，而且兩極地區升高的溫度會明顯的多於赤道附近。因此，有人推測大氣溫室效應最可怕的後果是表現在海平面升高和氣候劇變兩方面。其嚴重性是：如果海平面升高一公尺，全球估計約有 500 萬平方公里的土地要被淹沒，其中含有全世界三分之一的耕地和約十億人口的生活區。另外，因為河口位置向上推移，會使洪水的問題更加惡化。而連帶造成的全球氣候改變，有些地方會變得極為乾旱，有些區域卻更多雨成災。換句話說：地球生態區的劃分可能要重新改寫。2002 年聯合國跨政府氣候變遷因應小組 (Intergovernmental Panel on Climate Change, IPCC) 報告中指出，因為受到氣候變遷影響，造成海平面上升、極端氣候事件、乾旱或水資源缺乏等原因，導致人類居住環境變化，被迫須立刻或即將離開居住地的人，稱之為「氣候難民」。太平洋島國吐瓦魯由九個島嶼組成，長期面臨氣候變遷和海平面上升風險。預計到二十世紀末，整個國家都將被淹沒。

（四）臭氧層破壞

　　臭氧在大氣中依其不同的位置而扮演兩種不同的角色，如果存在大氣底下的對流層，它是一種汙染氣體，對生物有害且會增強大氣溫室效應；但若是存在距離地面 25~40 公里上空的平流層，卻可以隔離過量的太陽紫外線到達地球表面，所以對生物有重要的保護功能。

　　平流層中的臭氧來源是：紫外線照射氧分子形成游離氧原子 $(O_2 \rightarrow O + O)$，而氧原子再和氧分子結合成臭氧 $(O + O_2 \rightarrow O_3)$。由於這些作用有可逆性，所以在平流層內的氧氣和臭氧本來可以保持在平衡狀態。但後來因為人類製造許多破壞臭氧的氣體，使這個有如地球保護罩的臭氧層 (Ozone Layer) 出現「破洞」的現象，而其可能引發的嚴重後果，目前正受到全球熱烈的關注。

　　破壞臭氧層的氣體主要是氟氯碳化物 (CFCs)。此類氣體原本是無害且安定的物質，故被廣泛的應用為冷媒和發泡劑，不過當它被釋出後，會一直上升到平流層被陽光照射而解離出氯原子 (Cl)，而自由氯原子則會從臭氧分子搶得一個氧原子變成一個氧化氯分子和一個氧分子 $(Cl + O_3 \rightarrow ClO + O_2)$，於是，臭氧分子便被破壞了。另外根據一些研究顯示，氧化氯還會被陽光解離產生自由氯原子 $(ClO \rightarrow Cl + O)$ 而重複去破壞臭氧，估計一個氧化氯分子可以破壞十萬分子的臭氧，可見其影響是極為嚴重的（圖 6-10）。

圖6-10　破壞臭氧層的元兇：空調機器老舊後，釋出來的冷媒是造成臭氧層破壞的原因之一。（臺北・萬華）

臭氧層破壞所造成的後果，目前已推算出一些數據。如果臭氧層每減少 1%，進入地球的有害紫外線就會增加 2%，而人類罹患皮膚癌的機率也會提高 3%。此外，紫外線還會傷害植物並殺死海洋浮游生物，所以對整個地球食物鏈的關係會造成結構性的改變，對整個生態系的生產力也有絕對性的影響。

（五）逆溫層加重空氣汙染的嚴重性

在地表以上 12 公里內的大氣是所謂的對流層，正常情況下，對流層內的溫度與高度成反比，也就是說：越接近海平面的地方越熱，越近山頂則越冷，為了容易區分，將此正常的垂直溫度分布稱為「順溫」狀態。

順溫狀態並不是一成不變，在某些自然條件配合下，對流層中有某一高度內的空氣，其溫度會比上下兩層的氣溫還高，而這團夾在上下兩層冷空氣間的一層熱空氣，即是氣象學中所稱的「逆溫層」(Inverse Layer)。

要特別強調的是，逆溫層並非是空氣汙染所引起的，而是一種自然的大氣現象，並且依據形成原因，還可把逆溫層區分成幾種類型，其中會使空氣汙染的影響加重的是屬於「地形逆溫層」。這種逆溫層的出現需要三個條件配合：一是盆地地形；二是白天日照強烈；三是對流作用很小。而其形成過程及影響，可以分成三個階段來說明：

1. 第一階段

盆地地區白天日照強烈，盆底氣溫甚高，但氣溫仍成順溫狀態。

2. 第二階段

夜晚到來時，盆地底層的空氣因為受地表冷卻的影響而氣溫下降，但因為對流作用很小，沒有風來擾動調和盆地裡的上下層空氣，所以盆地上層的空氣仍然維持溫暖。因此，這層夾在高空冷空氣和盆底冷空氣間的溫暖氣層，即是「逆溫層」。

3. 第三階段

　　白天再來時，如果沒有風的擾動，逆溫層仍會存在。但盆地底層的工廠、汽車廢氣，由於熱空氣上升、冷空氣下降的原理，所以會被逆溫層覆蓋而不能向盆地外的大氣稀釋，而大量積存廢氣的結果，盆地裡的空氣品質將更嚴重惡化，像臺北盆地就經常遭遇這類的情況。

五、海洋問題

　　在地球 5.1 億平方公里的總表面積上，海洋的面積有 3.6 億平方公里，占地球表面積之 71%；海洋的平均深度為 3,800 公尺，海水的總體積估計約有 1.4×1,012 立方公尺之多。在這遼闊深遂的水體中，究竟蘊藏著多少生物及礦物資源？人類目前尚未完全得知。但海洋自古以來就與人類關係密切，除其豐富的生物資源一直為人類提供營養所需外，在能源、礦產和交通上對人類也都有不可取代的貢獻。不過隨著科技的精進，海洋承受人類開發的壓力與日俱增，以往曾被人類認為取之不盡用之不竭的海洋資源，如今卻已出現許多生態失調的現象。

（一）海域汙染

　　造成海域汙染的原因極為複雜，許多陸地上的汙染源會隨著河流而注入海洋，例如工業廢水內含有許多成分各異的毒性物質；農業上的殺蟲劑、除草劑以及肥料也都隨著河水流向海洋，這些被額外加入的有毒或有機物都可能導致河口生態的改變。且由於海洋運輸與旅遊活動逐漸增加，許多船上的垃圾、廚餘、汙水與含油廢水也被非法排入海中，而更嚴重的「油汙染」則來自海上油井與油輪的意外事故，這類事件所引發的大面積海域汙染，經常使得生物棲地遭受嚴重破壞，甚至造成海洋生物大量死亡（專題 6C）。

　　某些人類特定目的的行為，也使海域環境面臨嚴重的汙染威脅，例如為了防止海洋生物附著或為了防鏽，塗布在船舶或海岸設施上的塗料，會緩慢釋出有毒物質溶解在海水之中；核能發電廠的冷卻水所造成的熱汙染；以及核子試爆或核能動力船艦意外事故的輻射汙染等，對海洋生物與生態均有深遠的影響。

專題6C

海域石油汙染

　　海域汙染的原因，除了傳統的有機汙染和毒性汙染外，因為人類對石油依賴日深，海上鑽探、運輸等活動頻繁，使得海域遭受石油汙染的危機比一般傳統汙染更為嚴重。

　　海域石油汙染的來源，有些是在正常操作過程中都難以避免，例如油井鑽探及石油的裝卸或運輸過程等，但破壞範圍更大且影響深遠的石油汙染，則是來自油井、油輪事故或油管破裂等意外事件，這類狀況通常汙染面積遼闊，嚴重破壞沿岸棲地，甚至使海洋生物大量死亡。

　　海域石油汙染的情況究竟有多嚴重？可以從漏油事故的頻繁度窺見一斑。回顧近二十年來，幾乎每年都有震驚全球的油輪、油井或油管漏油事故發生。例如 1992 年 12 月，希臘油輪愛琴海號在西班牙西北海岸擱淺；1993 年 6 月，布里爾號在蘇格蘭東北海域擱淺；1996 年 2 月，海洋女王號在威爾士海岸擱淺；1999 年 12 月，埃里卡號在法國西海岸觸礁斷裂；2000 年 6 月，珍寶號油輪在南非開普敦海域沉沒；2001 年 3 月，波羅的海一艘油輪與貨船相撞；2002 年 11 月，威望號油輪在西班牙海域沉沒等等，其所洩漏的石油動輒以千萬加侖計，造成生物死亡的數量及對海域生態的破壞，根本無法確切評估。

　　臺灣海域的石油汙染同樣無法倖免，第一件大範圍的汙染事件發生在 1977 年 2 月，一艘滿載原油的科威特油輪布拉格號在前往深澳油港途中，於基隆近海觸礁沉沒，三萬多噸原油全部洩漏出來，造成東北角海岸空前的生態浩劫。其後，1995 年和

圖6C-1　2001年1月，阿瑪斯號擱淺在墾丁龍坑保護區海域，造成海水及沿岸被石油汙染。

1996 年的輸油管線破裂事件，導致後龍溪及兩側農田、大林沿岸及外海遭受汙染。2001 年 1 月，發生在墾丁國家公園龍坑海域的阿瑪斯號漏油事件，由於事發在春節假期，再加上除油設備不足、缺乏處理經驗以及海象惡劣等因素，近 1,100 噸的油料外洩且漂流擴散，估計汙染海面 20 公頃、海岸線數公里，嚴重破壞龍坑海岸保護區生態。2006 年 12 月，馬爾他籍散裝貨輪「吉尼號」在宜蘭縣蘇澳南方海邊擱淺漏油，汙染蘇澳漁場，後來雖經法院仲裁，吉尼號必須付出 4,500 萬元民事賠償金，但漏油事件所造成的海水變濁、珊瑚復育區汙染等生態損失，其實很難以金錢估算。

（二）海岸線破壞

　　人類經常因為經濟或安全的理由而與海爭地，例如以填土方式將沿海濕地改變成工業區；或為了開闢航道、修築堤防、闢建港口等，將河口、海岸大量的水泥化以及為了防止海岸侵蝕而拋放大量的消波塊，如果這些人為設施缺乏正確的生態評估，往往會對海洋環境造成不可回復的傷害。水泥化的海堤、河岸、溝渠等阻斷了生物洄游或遷徙的路徑，這些都是因為自然海岸線被破壞而衍生的生態損失（圖 6-11）。

圖6-11　海岸線破壞：海岸水泥化的結果，往往使原有生物失去棲所，也阻斷了海陸洄游生物的遷徙路線。（新北・金山）

（三）資源枯竭

　　海洋生物原本是一種再生性資源，但由於人類漁撈科技的改進，以及「漁獲努力量」增加，造成全球性的過漁 (Overfished) 現象，且漁業上的選擇性捕撈行為，往往使同一種海洋生物急遽減少，導致海洋生態系的群落結構失衡，如臺灣大量捕撈黑鮪魚或翻車魚，多數生態學家都擔心會造成海洋生物資源的枯竭。另外，某些無選擇性的捕漁法，如非法的毒、電、炸及流刺網等，也常大量誤殺目標漁獲以外的海洋哺乳類、海龜等，更嚴重的如產卵場的破壞、海域汙染等，都使得海洋資源枯竭的問題日益嚴重。

（四）遊憩活動影響海洋環境

　　隨著經濟情況的改善，與海洋相關的遊憩活動與日俱增，但某些海上遊憩活動卻對海域環境帶來負面的影響，例如浮潛可能因踩踏破壞了珊瑚礁原有的樣貌；遊憩活動造成海水濁度升高而阻礙珊瑚生長；快艇、水上機車等遊樂設施可能漏油造成沿岸水質惡化等（圖6-12）；而無數沿著海岸而建的觀光飯店、旅館等，日以繼夜的將含有清潔劑和廚餘的廢水和廢棄物排入海洋之中；凡此種種，都是人類在貪圖一時之快後，環境所必須付出的昂貴代價。

圖6-12　遊憩活動對海洋的影響：海岸遊憩活動會造成油汙、垃圾和空氣汙染，也可能破壞沿岸的生物棲地。（屏東・南灣）

六、土壤問題

土壤是生態系中重要的非生物成分，與物質循環及生產作用息息相關。但由於人為或自然因素，這項資源正面臨各種不同形式的衝擊。如果詳加區分，土壤的問題可分成汙染、流失、地層下陷、沙漠化、鹽化等五方面來討論。

（一）土壤汙染

土壤汙染一般都有持續性，有時即使汙染源已被排除，但因為土壤中的物質參與循環的速度緩慢，所以還要等待很長的時間才可做生產性利用，而像有機氯、重金屬等汙染，甚至難以徹底清除。因此，處理土壤汙染常是生態上的棘手問題，有時為了避免對生態系的傷害擴大，只好改變原來的用途，或是棄置不顧，這對地球上有限的土壤資源來說，其實是相當可惜的。

至於土壤的汙染源，依其性質可分為重金屬、有毒物質、固體廢棄物三類，分別敘述如下：

1. 重金屬

汙染土壤的重金屬，常見的有汞、鎘、銅、鋅、鉛等，有少部分是源自工業廢氣溶於雨水後降落地面，大部分則是隨著水汙染而來。被重金屬汙染的土壤，如果繼續當做耕地或牧地，金屬元素就會進入糧食或畜產中，最後終會被人類攝取而引發疾病。例如昔日桃園縣觀音鄉的「鎘米事件」即是（專題 6D）。

2. 有毒物質

凡是會汙染水源的有毒物質，大都會間接汙染土壤。像製紙廠、製藥廠所排出的廢水都含有毒性有機物，最後土壤也都難以倖免。另外，有些農藥、除草劑等是直接的土壤汙染源，例如 D.D.T. 所含的有機氯，就會汙染土壤長達十餘年之久。

3. 固體廢棄物

所謂的「固體廢棄物」包括農業廢物、礦業廢渣、工業廢物、建築棄土及生活垃圾等五大類。這些廢棄物不論是掩埋或是堆置，都會降低土地的利用率，而且有些廢棄物中含有毒性物質，經雨水淋溶後會滲入土壤而造成汙染。

在都會區中面臨最大的廢棄物問題是垃圾的處理。由於地小人稠的市區實在無法找到掩埋垃圾的適當地點，因此只能往郊區運送，但郊區的居民同樣不願意接受這些惱人的汙染源，於是所謂的「垃圾大戰」便經常發生，這在臺灣已經算是屢見不鮮的新聞了。

專題6D

鎘米事件

1955 年，日本富山縣神通川流域有一千多人罹患了一種怪病，患者身體的骨骼、關節變形，而且伴隨著劇烈疼痛，其中有 102 人因此不治死亡。之後日本厚生省經過十幾年的調查，終於在 1968 年確定是附近工廠排放出含鎘的廢水汙染了稻田，而當地農民長期食用被鎘汙染的稻米後，就罹患這種嚴重的不治之症，也就是舉世皆知的「痛痛病」。

從「痛痛病」患者身上可以檢查出來的臨床症狀包括有貧血、肝功能異常、腎小管受損、大量的鎘堆積在肝臟及腎臟等，而長期患病者由於鈣質和蛋白質從尿液中流失，終於引發骨質鬆軟、骨骼變形、關節疼痛等種種骨骼性病變。更不幸的是，由於鎘中毒沒有解毒劑，所以沒有根治的方法，醫生只能以藥物針對疼痛給予治標性的治療，所以患者一輩子都無法逃脫疼痛的糾纏。

臺灣在 1983 年也發生同樣的鎘汙染事件，當時桃園縣觀音鄉大潭村的高銀化工排出含鎘廢水汙染了灌溉溝渠，造成附近生產的稻米含有高濃度的鎘；第二年，同縣的蘆竹鄉中福村也發現因基力化工汙染農田而產生鎘米，這就是臺灣的「鎘米事件」。

鎘米一樣對臺灣民眾造成身心威脅。但在地小人稠的臺灣,由於工業區與農業區不能明確劃分,而且工廠的汙染防治工作沒有確實執行,鎘汙染以及其他的重金屬汙染並沒有因為鎘米事件而消失。例如 2001 年 9 月,雲林縣虎尾鎮的稻米被驗出鎘含量過高;同年 11 月,彰化市西門口段與西勢仔段發現農地受到鎘與鋅的汙染等,都顯示臺灣的土壤一直都擺脫不了重金屬汙染的威脅,而民眾的飲食安全與身心健康,也始終不能得到明確的保障。

(二)土壤流失

水土保持的第一要務,是保護地表上有良好的植被存在。但由於人口增加,對農地、建地、工業用地等的需求變大,於是不當的土地開發便接二連三的出現。但是破壞林地或挖山建屋的結果,土壤侵蝕的問題隨即發生,例如 1997 年南投縣的土石流以及汐止林肯大郡的崩塌事件,就是不當開發導致土壤流失的嚴重災害。

圖6-13 土壤流失。
(a) 臺灣大量開發山坡地種植檳榔引發土石流,是導致土壤流失的主因之一。(臺南・關子嶺)
(b) 中國在文革時期大量砍伐長江兩岸的森林,造成上游土壤流失而使長江變成黃褐色。(中國・重慶)

其實土壤流失不只發生在臺灣，全世界四個耕地最多的國家—印度、美國、俄羅斯、中國，每年被流失的土壤約 140 億公噸，占全球耕地土壤 35,000 億公噸之 0.4%，而其間接引發的糧食減產、社會損失等實在難以估計。另外，由於土壤流失導致的河道淤積問題，更使許多人口密集的區域面臨洪水肆虐及河流改道的威脅（圖 6-13）。

（三）地層下陷

造成地層下陷的原因有地殼變動和人為促成兩種，地殼變動一般都進行緩慢，必須經過很長的時間才可察覺，但人為促成的地層下陷，往往在幾年之間便出現嚴重的影響。

人為促成的地層下陷導因於超量抽取地下水，開採石油、天然氣、礦產等，其中以抽取地下水的影響最為顯著。例如嘉義東石鄉、屏東茄冬鄉大量抽取地下水供水產養殖之用，結果造成嚴重地層下陷，現在只要颱風一來便海水倒灌，有些地區甚至已長年浸泡在水裡（圖6-14）。

圖6-14 地層下陷：大量抽取地下水的結果，造成陸地被海水倒灌而淹沒在水中。（嘉義・東石）

（四）沙漠化

　　由於人類砍伐森林、過度耕作、過度放牧，再加上全球變暖及雨
量減少等因素，使得地球原有的沙漠面積擴大，甚且原有的耕地、牧
地也完全喪失生產力，這就是世界性的沙漠化問題（圖6-15）。目前
沙漠化最嚴重的地區是非洲大陸，而全世界每一分鐘平均會有十公傾
的土地在變成沙漠，一年約會增加兩個臺灣的面積，可見，沙漠化是
目前自然與人類間劇烈的爭地之戰。

圖6-15　過度放牧：在有限的土地上畜養大量的牛群，導
致植物無法生長，再加上雨量不足，土地就會逐漸沙漠化。
（尼泊爾‧奇旺）

（五）鹽化

　　鹽化是指土壤中堆積太多的鹽分，使得農作物不能生長而失去生
產力。造成鹽化的原因大概有三種：一是抽取含鹽的地下水灌溉，經
長期累積後土壤的鹽分提高。二是沿海低窪或地層下陷區域被海水倒
灌過所致。三是養殖漁業抽取海水到陸地養殖，長時間的抽、排水，
使得附近土地遭受鹽化（圖 6-16）。

圖6-16 鹽化：大量抽取海水到陸地進行水產養殖，是導致土地鹽化的主要原因。（屏東‧大鵬灣）

七、物種滅絕問題

　　地球上究竟有多少種動植物到目前仍無精確的數字，只能概估約有一千萬種，但近來物種滅絕的速度卻不斷加快。依據生物學者統計，從 1600 年以來，約 4,500 種的哺乳動物中已滅絕了約 40 種；而已知約一萬種的鳥類也消失了約 100 種。更有科學家推算，到西元 2020 年，全球大約 1,000 萬種生物中，可能有 10~20% 的物種要消失無蹤。

　　生物何以會如此快速的消失或瀕於絕種，分析其原因有下列幾項：

（一）棲息地被破壞

　　人類為了應付人口增加所需的糧食和住屋需求，必須大量開發自然資源，使得生物的棲息地快速消失，而且不當的水泥化、人工化，導致物種滅絕的問題更加嚴重，像臺灣雲豹就是這類的例子（圖6-17）。

（二）人為獵殺

　　獵殺的原因有許多種，有些是為了食物需求，有些是被人類視為有害動物而被捕殺，但最嚴重的是牟利性的獵殺行為。例如非洲犀牛、大象，甚至海洋中的鯨魚、鯊魚、珊瑚都是（圖6-18）。

圖6-17　生物棲息地破壞。
　　　　(a) 人類經常為了自己的便利將河岸、海岸水泥化，造成許多原生動物失去棲息地。（新北・三芝）
　　　　(b) 開發大面積的工業區，也是造成野生動物失去棲所的另一項原因。（臺南・七股）

圖6-18　人為獵殺：在經濟落後地區，人類攫取野生生物資源換取生活所需，造成物種的生存壓力。（越南・下龍灣）

（三）受外來種壓迫

在一個穩定的生態系中，由於人為或意外的因素引進外來種 (Exotic)，就會在環境中與相近物種發生排擠性的競爭作用，如果外來種可以存活下來，表示它的適應力強，而本土族群可能就會因此而減小甚至絕種。像臺灣引進紅耳泥龜（俗稱巴西烏龜）造成原生種的斑龜數量減少，就是這一類問題的例證（圖 6-19）。

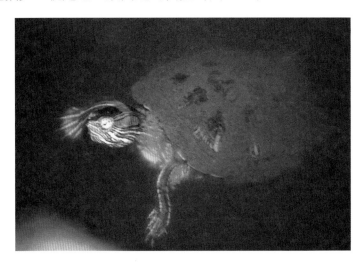

圖6-19 外來種入侵：巴西龜是臺灣的外來種爬蟲類，兩頰的紅斑是它最明顯的特徵，它的入侵造成臺灣原生種的斑龜數量減少。（板橋‧農村公園）

（四）汙染

有些汙染會直接殺死生物，像臺灣的農田在長期使用農藥之後，稻田裡幾乎已經看不到蝦、蟹、青蛙和魚類。還有一些汙染是透過食物鏈在傳遞，使居於食物鏈末端的物種因「生物累積作用」(Biological Accumulation) 而中毒或生理失調。例如游隼體內累積過高的 D.D.T.，導致卵不能正常孵化便是。

八、物理汙染問題

物理汙染是另一類的生態失衡問題，其中包括噪音汙染、輻射汙染、熱汙染等三類。

（一）噪音汙染 (Noise Pollution)

噪音對人體的影響有聽覺障礙、血壓、心跳上升，以及精神緊張等。至於對動物的影響，目前僅知某些物種會主動遠離噪音源，至於其他傷害如何則有待進一步研究。

雖然噪音的傷害較不具急迫性，但對正常的生態環境的確是有某種程度的干擾，所以目前在都會區裡的機場噪音、車輛噪音、機械噪音等都已引起廣泛的關切。

（二）輻射汙染

輻射是一種能量，它以電磁波的形態傳送，依其能量的高低可分成游離輻射和非游離輻射兩大類，而一般所謂的輻射或放射線，大都是指游離輻射而言。

環境中的游離輻射汙染源有醫療射線、核武試爆、核能工業以及核能發電等，目前已知，許多白血球病變、癌症都與輻射汙染有關，最可怕的是，它會引起子代畸形等遺傳性病變。歷史上曾經發生的輻射汙染案例有：1986 年蘇聯車諾比爾核電廠的輻射外洩事件；1992 年後臺灣陸續發現的輻射屋事件（專題 6E）；2011 年日本因地震引起福島第一核電廠核災，而日本廣島、長崎兩地，到目前都還在忍受二次世界大戰核爆汙染所帶來的嚴重危害。可見，輻射汙染事件雖然不多，但它造成的影響卻極為深遠。

至於非游離輻射，是指能量較低、不會引發物質游離現象的輻射線，例如微波、電磁波、無線電波、雷達波等。現代生活中的非游離輻射日益充斥，例如手機、基地臺的電磁波幾乎無所不在，而其對人體健康是否造成危害，目前正被熱烈的討論。

（三）熱汙染 (Thermal Pollution)

所謂的「熱汙染」，是指環境中被加入一些無用的廢熱，導致氣溫、水溫因而升高，故又稱為「熱能輸入」。熱汙染的來源及影響可分為下列三種類型：

1. 機械運轉廢熱

　　利用能源推動機械運轉的過程，有些能量會轉變成熱能釋出，還有因摩擦而產生的熱也會被排入環境裡，使局部性區域因吸收太多熱能而溫度升高，例如「都市熱島效應」就是一例（詳見第五章專題5B）。

專題6E

輻射屋事件

　　如果建築房屋時不慎用到被輻射汙染的鋼筋或其他建材，這間房屋將會持續產生放射線造成人體傷害，就是所謂的輻射屋。

　　追溯臺灣的輻射屋事件，最早的徵兆出現在 1983 年 3 月，當時臺北市龍江路某牙科診所完成X光儀器安裝，在檢驗裝置是否符合輻射安全標準時意外發現，即使X光儀器完全關機，環境背景中仍然有輻射反應，但輻射線究竟從何而來？雖經原子能委員會調查偵測，但結果並未明確公布。直到 1992 年 7 月，臺北市廈門街台電宿舍，有一員工以輻射偵測器偵測到後陽臺有極高劑量的輻射線，經報請原子能委員會調查後，確定是陽臺改建時使用的鋼筋被輻射汙染所致，這是臺灣第一件正式的輻射屋案例。

　　輻射屋的汙染源到底來自何處？經追查發現，應該是 1982 年前建築業者從國外進口的鋼筋原料受輻射汙染所致，所以推論在 1982~1984 年間興建的房子是輻射汙染的高危險群。消息曝光後，引發民眾對住屋輻射問題的關切與恐慌。但很不幸的，同年 8 月隨即發現臺北市龍江路的民生別墅也遭受輻射汙染。之後輻射塵問題逐漸引起社會關注，至今在臺北市、新北市、桃園市仍有部分遭受放射性汙染之虞的建築物存在。

2. 化石燃料廢熱

煤、石油、天然氣等三種化石燃料,仍是目前人類主要的能源,但燃燒這些物質的後果,除了會產生酸雨、溫室效應等生態問題外,有些未被充分運用的熱能也會逸散到大氣中而升高環境的溫度,像都市熱島效應,汽車燃燒汽油排出的高溫氣體也是元兇之一。

3. 核能廢熱

人類依賴核能的程度逐漸提高,但使用核能的風險,除了不當操作引發的輻射汙染外,對自然生態的經常性威脅是冷卻核能發電設備的溫排水造成的熱汙染(圖6-20)。例如美國佛羅里達州的火雞嶺 (Turkey Point) 核電廠及康乃狄克河邊的黑但頸 (Haddam Neck) 核電廠,都發生過因溫排水提高海水或河水溫度而使魚類及水生生物死亡的紀錄;在臺灣,這種破壞生態平衡的事件也同樣無法避免,已發生的案例有:核三廠的溫排水提高墾丁南灣海域水溫,造成沿岸珊瑚白化或死亡(詳見第四章專題 4D);金山區核二廠的溫排水引發「祕雕魚事件」等(專題 6F)。至於局部的海水溫度提高,會不會導致氣候或洋流路徑改變等更嚴重的問題,目前仍沒有定論,但可以確定的是,熱汙染對生態平衡的威脅性,必然會隨著科技文明的進展而日益嚴重。

圖6-20 熱汙染:核能發電廠抽取海水冷卻發電設施後再排回海中,造成海水溫度升高,是典型的熱汙染。(新北・金山)

專題6F

祕雕魚事件

　　1993 年 7 月間，新北市金山區有部分釣客在核二廠溫排水出水口附近釣獲許多身體扭曲變形的小魚，因為它們彎腰駝背的樣子很像六〇年代史豔文布袋戲中的祕雕，所以被戲稱為「祕雕魚」。後來經鑑定知道，祕雕魚其實是一種臺灣海域常見的魚類，原來的中文名稱是花身雞魚，閩南話則叫它「花身仔」。

　　讓花身雞魚變成祕雕魚的原因一開始引起諸多揣測，由於發現的地點距離核一、核二場很近，難免讓人引發輻射外洩導致生物突變的疑慮。後來經研究單位與學術單位調查，終於確認海水溫度過高才是造成花身雞魚身體畸形的主因。至於海水溫度為何升高，則是因為核二廠夜以繼日抽取海水冷卻核能發電設施後再排回海中，這些溫排水雖然沒有輻射汙染之虞，但卻會造成海水溫度上升，夏季時甚至可以高達 40℃ 左右。而當花身雞魚的受精卵或仔魚在這種高溫環境下發育時，部分魚苗就會出現脊椎彎曲等病變，這就是發生在臺灣的海洋熱汙染引發生物畸形的案例，也是一般人所慣稱的「祕雕魚事件」。

圖6F-1　祕雕魚的成因。

(a) 花身雞魚是一種臺灣海域常見的魚類，閩南話又叫它「花身仔」。

(b) 如果花身雞魚的受精卵或仔魚在40℃左右高溫下發育，部分魚苗就會出現脊椎彎曲等病變，就是一般人所慣稱的「祕雕魚」。

1. 一個平衡的生態系，會具有下列四項特質：

    (1) 有多樣的組成成分。

    (2) 有複雜的傳遞途徑。

    (3) 有平衡的能量進出。

    (4) 有自我修復的調節能力。

2. 維持生態系平衡的五種調節機制如下：

    (1) 輸出與輸入的調節。

    (2) 負回饋控制調節。

    (3) 生物與環境間的適應調節。

    (4) 抵抗力調節。

    (5) 恢復力調節。

3. 生態失調時，會有以下徵兆出現：

    (1) 組成成分缺損。

    (2) 結構比例失衡。

    (3) 能量流動受阻。

    (4) 物質循環中斷。

4. 現存的生態失調問題，約可分為人口問題、糧食問題、水的問題、大氣問題、海洋問題、土壤問題、物種滅絕、物理汙染等八大類。

5. 水的問題在於水源不足、水汙染與地下水超量抽取；而較嚴重的水汙染情況則是優養化和毒性汙染。

6. 大氣的問題包括有：空氣汙染、酸雨、大氣溫室效應、臭氧層破壞以及逆溫層加重空氣汙染等五方面。

7. 空氣汙染的汙染源有：粉塵、光化學煙霧、二氧化硫、氮氧化物、一氧化碳、氟化氫等。

8. 海洋問題可歸納為：海域汙染、海岸線破壞、資源枯竭、遊憩活動影響海洋環境。

9. 土壤問題是：汙染、流失、地層下陷、沙漠化及鹽化等。而汙染土壤的汙染源則有重金屬、有毒物質、固體廢棄物等三大類。

10. 地球物種日益減少的原因如下：

    (1) 棲息地被破壞。

    (2) 人為獵殺。

    (3) 受外來種壓迫。

    (4) 汙染。

11. 物理汙染問題包括噪音汙染、輻射汙染及熱汙染等三大項。

12. 熱汙染指的是環境中被加入過多的廢熱，致使水溫或氣溫提高，而廢熱的來源有三：一是機械運轉廢熱，二是化石燃料廢熱，三是核能廢熱。

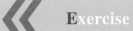

(　) 1. 何者不是成熟穩定的生態系具有的特質？ (A) 有多樣化的組成成分 (B) 有單一化的傳遞途徑 (C) 有平衡的能量進出 (D) 有自我修復的調節能力。

(　) 2. 下列對生態系調節機制的敘述何者錯誤？ (A) 物質與能量的輸出、輸入平衡，當輸入的能量減少，就會以降低總生產量來因應 (B) 生物與環境間彼此適應，相互調節，不論生物或環境改變時，對應的另一方都會因應調整使彼此的關係再恢復到原有的協調狀態 (C) 生態系中的某一種組成成分發生變化時，會使生態系內的相關成分也引發一連串的因應性改變，並透過正回饋機制使變動回復原本的平衡狀態 (D) 構造越複雜、發展越成熟的生態系，對外來干擾的抵抗力越強。

(　) 3. 下列何者不是生態失調的徵兆？ (A) 年齡比例失衡 (B) 組成成分缺損 (C) 能量流動受阻 (D) 物質循環中斷。

(　) 4. 以下對人口問題的描述何者正確？ (A) 人口遽減是貧困和汙染的根源，也是造成生態失衡的基本原因 (B) 人口出現第二次大規模的成長出現在文化革命時期，十九、二十世紀的人口增加速度，幾乎已達到幾何級數的模式 (C) 如果一個國家或地區，其 60 歲以上人口占總人口數 20% 以上，或 75 歲以上人口占總人口數 15% 以上，則稱該區域為老齡化社會 (D) 地球人口在地理分布上有明顯的區域性差異，在教育普及、生活水平與婦女地位較高的國家，人口成長率普遍較低。

(　) 5. 下列何者不是現存的生態失調問題？ (A) 人口的問題 (B) 糧食的問題 (C) 外太空的問題 (D) 大氣的問題。

(　) 6. 下列有關水問題的描述，何者錯誤？ (A) 臺灣年降雨量平均高達 2,500 公釐，卻因為各季節和全臺各地降雨並不平均，因此仍被列為缺水國家之列 (B) 水體被過多的鈣、鋁、鉀等有機營養物所汙染，導致水中的藻類大量增殖，而造成缺氧的狀況，稱為優養化 (C) D.D.T. 是一種有機氯

殺蟲劑，會在食物鏈中逐層累積，形成生物累積作用，長時間的破壞生態平衡　(D) 雲林、嘉義、屏東等地，因大量抽取深層地下水供應工業及養殖用水，最終導致地層下陷，海水倒灌而被淹沒在海水裡。

( )7. 以下對於大氣問題的敘述何者正確？　(A) 臺灣依據懸浮微粒粒徑大小分為 PM10 和 PM2.5 二類主要汙染物，PM10 可穿透肺部氣泡，並直接進入血管中隨著血液循環全身造成全身性的危害　(B) 酸雨的成因是空氣中的一氧化氮或二氧化硫溶解在空氣中的水蒸氣而成硝酸或硫酸，再隨雨水落下　(C) 溫室氣體指的是二氧化碳、甲烷、臭氧等，其中最主要的是甲烷，造成全球暖化和極端氣候　(D) 臭氧層位於距離地面 25~40 公里上空的對流層，可以隔離過量的太陽紫外線到達地球表面，對生物有重要的保護功能。

( )8. 以下對於海洋問題的敘述何者錯誤？　(A) 工業廢水、農業上的殺蟲劑、除草劑以及肥料、油汙染、核能發電廠熱排水等都是造成海域汙染的原因　(B) 漁業上的選擇性捕撈行為，往往使同一種海洋生物急遽減少，導致海洋生態系的群落結構失衡　(C) 為了防止海岸侵蝕而拋放的大量消波塊，可以營造孔隙提供海洋生物棲息地，並不會造成海岸線的破壞　(D) 浮潛可能因踩踏破壞了珊瑚礁原有的樣貌、遊憩活動造成海水濁度升高而阻礙珊瑚生長等都會影響海洋生態的健全。

( )9. 以下對於土壤問題的敘述何者錯誤？　(A) 因為土壤中的物質參與循環的速度緩慢，所以土壤汙染即使經過清除，仍需等待很長的時間才可做生產性利用　(B) 臺灣因為人口密度高，對土地利用需求大，破壞林地或挖山建屋等不當開發造成土壤侵蝕的問題，導致嚴重的土壤流失　(C) 沙漠化的原因主要為全球變暖及雨量減少，和人類的活動無關　(D) 臺灣西南沿海低窪或地層下陷區域被海水倒灌，導致土壤中堆積太多的鹽分而形成土壤鹽化的問題。

( )10. 以下對於物種滅絕問題的敘述何者正確？　(A) 臺灣的溪流整治使用大量水泥，使得魚類等水棲生物失去棲地而滅絕　(B) 在一個穩定的生態系中，

外來種可以增加生物多樣性，對原生物種沒有影響　(C) 有些化學汙染物會透過食物鏈傳遞，越底層的物種體內含有越高的汙染物濃度，稱為生物累積作用　(D) 臺灣原住民傳統上為了食物需求獵殺動物，是造成物種滅絕的最嚴重原因。

Thinking　　　　　思考與討論

1. 討論人口問題和其他生態失調現象的關聯性。

2. 如果你已經要面對「是否要生小孩？要生幾個？」等這些抉擇，你會從哪些方面去考慮？

3. 蒐集資料瞭解臺灣目前的人口成長、人口老齡化及人口品質等狀況後，提出個人對解決臺灣人口問題的看法。

4. 估算一下自己一天的用水量有多少。

5. 思考並討論「優養化」的原因、過程與結果。

6. 人類常以燃燒的方式取得能量。請從各種角度探討因為「燃燒」而引來的生態問題。

7. 思考並討論臭氧層破壞的原因、過程與結果。

8. 思考並討論大氣溫室效應的原因、過程與結果。

9. 估算一下自己每天製造的廢棄物、廢水及排泄物的重量。

10. 思考並討論逆溫層出現的原因、過程與結果。

11. 以墾丁國家公園為例，探討海洋汙染的問題。

12. 討論人類大量使用空調機器對個人及環境有什麼影響。

MEMO:

CHAPTER **07**

汙染防治與生態保育

 7-1 汙染物與汙染源

環境汙染的起因可分為「自然的」與「人為的」兩種，像火山爆發、乾旱、水災、瘟疫等是自然性的汙染；因為人類的生活或生產活動製造出來的有害物質，造成大氣、水體、土壤的自淨作用無法負荷並喪失正常環境機能，則是人為的環境汙染。

人為製造的汙染物未經妥善處理即排入環境中是所謂的「汙染源」。依據其產生的原因，一般的人為汙染源可分為工業汙染源、農業汙染源、交通運輸汙染源和生活汙染源四大類。

一、工業汙染源

工業生產過程中可能排出各種不同的汙染物，常見而影響嚴重的，像工業廢氣中所含有的粉塵、二氧化硫、一氧化碳以及氮氧化物和碳氫化合物等，這些都是造成大氣汙染及酸雨的主要原因。另外，工業廢水中也常含有汞、銅、鋅、鎘等重金屬，以及氰化物、硫化物、酚類等有毒物質，它們通常會經由食物鏈的傳遞，以生物累積作用而產生深遠的影響（圖7-1）。廢五金電纜的燃燒也會產生有毒物「戴奧辛」汙染空氣而增加罹癌風險。

圖7-1　工礦汙染：工礦廢水含有大量的重金屬，日積月累，使河床上的石頭也變了色。（新北・水滴洞）

二、農業汙染源

農業生產過程的主要汙染物可分為有機營養汙染和有毒物質汙染兩種，前者主要是因為施肥不當，導致過多的氮、磷、鉀等人工化學肥料流入自然水體中，於是水質優養化的問題便隨即產生，另外像畜牧業所排放的廢水中，也含有大量的有機殘渣，這都是有機營養的汙染源（圖7-2）。至於有毒物質汙染方面，農

藥中所含的有機氯、有機磷、有機硫等，都會隨著水體而汙染土壤及農產物，甚至破壞生態系的平衡，例如有數種農藥及 D.D.T.，目前已知會經由食物鏈中的生物累積作用，嚴重威脅到整個生態系統的正常功能。

圖7-2　畜牧汙染：養豬、養鴨所產生的畜牧廢水含有大量的營養物，是造成水質優養化的原因之一。（彰化・西港）

三、交通運輸汙染源

　　交通工具是現代化生活所必備的，但隨著各類機車、汽車、飛機、船舶的大量使用，對環境也產生極大的衝擊。其中影響最明顯易見的，是交通工具所排出的廢氣中含有大量的二氧化碳、一氧化碳、二氧化硫、氮氧化物、碳氫化合物、鉛化合物等，目前所知，這些都是大氣溫室效應、酸雨及光化學煙霧的元凶，有些甚至會引起人類中毒或致病的現象。

　　除了有毒廢氣外，交通工具也是噪音和廢油汙染的汙染源。車輛的引擎及飛機的噪音，已證實會對人體健康造成傷害；而船舶在河川或海洋的航程中，不經意的燃油外洩，或因意外事故造成的漏油事件，都對水域生態造成嚴重的危害（圖 7-3），例如 2001 年墾丁近海擱淺的「阿瑪斯號」油輪，即造成附近海域嚴重的生態破壞。

圖7-3　交通運輸汙染：輪船的意外事故，是造成海域
油汙染的主要原因之一。（基隆・外木山）

四、生活汙染源

　　有許多汙染物是人類日常生活中所製造的，例如生活廢水和垃圾
即是最常見的生活汙染源。

　　生活廢水所含的汙染物質相當複雜，其中可能有食物殘渣、排泄
物、清潔劑等有機汙染物，也可能有細菌、病毒等有害人體健康的病
原體；而垃圾中所含的汙染物更是超乎一般人的想像，其中有很多物
品都會在分解、掩埋、焚燒的過程中產生有毒物質而間接破壞自然環
境。因此，垃圾與汙水，一直都是都會區中令人頭痛的汙染源。

　　除了垃圾與汙水外，為了改善人類生活環境而增加的發電、空調、
醫療、家電設備等，也會直接或間接的對自然環境造成汙染，例如家
電用品的熱汙染、醫療設施與通訊設備的輻射汙染、冷氣機與冰箱所
使用的冷媒破壞臭氧層等，都算是生活汙染物的一部分。

7-2　汙染防治工作

　　不同的汙染源製造出各類汙染物，當這些汙染物被排入自然環境
後，即會產生各類型的環境汙染。一般認為，環境汙染大約可分為空

氣汙染、水汙染、土壤汙染及物理汙染四大類型，但由於土壤汙染大都源自於水汙染或空氣汙染，所以在汙染防治工作方面，大概都只從空氣汙染防治、水汙染防治以及物理汙染防治三方面著手。

一、空氣汙染防治

控制空氣汙染物的來源，是空氣汙染防治的根本關鍵，其中牽涉的問題，可能包括設備、技術、社會等不同層次，但概括而論，空氣汙染的防治措施，應可從下列幾個方向來努力：

（一）改變燃料結構

不同的燃料對空氣汙染的影響有程度上的差別，例如目前使用的油燃料與氣燃料，所產生的汙染已經比早期的煤燃料減少許多，另外以無鉛汽油取代含鉛汽油、以核能發電取代火力發電等，都是以改變燃料結構來降低空氣汙染的實例。除此之外，節約能源消耗與開發更潔淨的能源，是未來防治空氣汙染更重要的方向，尤其在太陽能發電和風力發電的研究發展上，已有長足的進步並進入實用的階段。近年來，因應日本福島核災，臺灣有感於核能發電可能產生的核汙染風險，已逐漸減少核能發電比例，預計在 2025 年完全汰除核電廠，並進行能源轉型，將火力發電占最大比例的燃煤發電逐漸汰換成汙染較低的燃氣機組，並積極建設太陽光電廠和風力發電，以減低空氣汙染的發生。

（二）減少交通工具的廢氣汙染

雖然以無鉛汽油取代柴油或含鉛汽油已初步改善交通工具的廢氣汙染情形，但為進一步減少汽機車廢氣汙染，臺灣也針對燃油車種逐年訂定更加嚴格的排氣檢驗環保標準，並運用關稅減免的方式鼓勵民眾以電動車、瓦斯車取代燃油車種，空氣品質將可獲得更進一步的改善。另外，鼓勵民眾使用大眾交通工具，也是一個值得推展且能立見成效的努力方向（圖 7-4）。

圖7-4　減少交通汙染：在都會區以捷運作為大眾交通
工具，有助於減少交通工具的廢氣汙染。（臺北市）

（三）改善燃燒過程

　　燃料不完全燃燒，會使廢氣汙染更為嚴重。因此，若能有效改善
燃燒過程，例如改良汽車化油器、控制適當的空氣混合係數、改良燃
油噴嘴構造等，都可達到節約燃料、提高燃燒效率以及降低空氣汙染
等多重效果。

（四）加強排煙淨化設備

　　廢氣排入大氣之前，應先經過淨化處理，才能避免對空氣造成汙
染。例如，以沉降室除塵、以理化方法脫除廢氣中的硫氧化物及氮氧
化物等，都是防治空氣汙染的必要措施，而這方面的技術與設備的研
發，也應列入工業發展的重要方向。

（五）合理規劃工業區的分布

　　工業區的位置及分布狀況，對空氣汙染有不同的影響。一般而言，
分散工廠的位置，有利於廢氣的稀釋而降低汙染程度，並且工廠與住
宅區應該保持足夠的距離，尤其像煉油廠、發電廠、水泥廠等排放
廢氣較多的工廠，更要遠離住宅區，以減少空氣汙染對民眾生活的直
接影響。另外，工廠在建廠時就必須考慮地形、風向等因素，因為在

盆地裡設廠常會因逆溫層的作用造成廢氣無法消散，或是在上風處設廠，下風處的居民可能就要群起抗爭了。

（六）增加煙囪高度並採集合式排放廢氣

據研究，地面空氣汙染的濃度，與煙囪的高度平方成反比。也就是說，煙囪越高，廢氣就越容易被稀釋擴散，對空氣造成的汙染情形也就越輕微（圖7-5）。

圖7-5　增加煙囪高度減輕空氣汙染：將煙囪的高度增加，排出的廢氣才能被有效稀釋和擴散，但排放前的淨化處理絕不可免。（基隆‧協和火力發電廠）

二、水汙染防治

由於水汙染的汙染源極為複雜，所以在汙染防治上，除了要減少溶解或懸浮於水中的汙染物外，會汙染底泥與水生生物的汙染源也必須考慮在內，因為像重金屬這類的汙染物，在底泥或生物體內的含量是遠高過水體本身的。另外，防治水汙染的範圍也不再侷限於淡水河川或湖泊內，目前在波羅的海、地中海、美國紐約灣、日本瀨戶內海等海域，都有海洋生物因嚴重水汙染而大量死亡或瀕臨絕跡的現象，所以，水汙染的防治問題，其實已是一種全面性的生態保護工作。至於如何控制水汙染的面積繼續擴大，甚至進一步整治水域使之恢復潔淨，則可從下列幾項防治措施上著手努力：

（一）控制廢水排放量

減少廢水的排放量是控制工業廢水汙染直接而有效的措施。在做法上，例如可用無水印染技術取代傳統印染而消除印染廠排放廢水。還有，某些工廠可以採循環式的用水法，讓生產過程所製造的廢水量減到最低，而從廢水中回收有用的物質或流失的原料，也可減少廢水的產量。

（二）加強廢水處理

廢水在排入自然水體前，應該先被集中處理後再予排放。因此，在都會區和工業區設置廢水接管及汙水處理廠是絕對必要的。目前，汙水處理流程可分為三級處理：一級處理是去除水中的固體懸浮物，二級處理是利用生化方法把水中的有機汙染物轉化成穩定而無毒的物質，三級處理則是進一步除去水中的氮、磷、病原體及部分可溶性的無機毒物。

（三）防止海域受廢油汙染

如果來自陸地的汙染能被有效控制，海域汙染的壓力就會減輕一些，但如何減少廢油汙染，是海水汙染防治的另一項重要課題。技術上，在漏油事件發生後，通常會先用「油障」或擴散抑制劑來控制汙染的範圍，再以回收船或吸附性材料吸收汙染廢油，至於不能回收的部分，就只能運用介面活性劑製成的除油劑來乳化廢油分子使之分散在海水中，讓細菌較易發揮淨化作用而將之消除於無形。

三、物理汙染防治

物理汙染包括放射線汙染、噪音汙染及熱汙染三項。其中放射線汙染對人體健康的危害最為嚴重，因此，嚴格管制「放射源」是目前世界各國共同的做法，至於醫療性的放射源，則還要加強硬體設備的配合，並提高操作人員的素質，才可杜絕不必要的放射線汙染。

核能發電是可能導致放射線汙染及熱汙染的現代科技，但如何在經濟發展與生態保護間尋求一個折衷點其實並不容易。固然隨著核能運用技術的改進，核能發電的安全性曾被能源開發者一再提出保證，但一般社會大眾仍然不能免除心中的疑慮。因此，像核電廠的廠址、核廢料貯存場的設置等，都會引起相關民眾的排斥或抗議，這其實不僅是臺灣的問題，世界各先進國家也都有共同的難處。但如果人們不想接受這些可能的汙染，那節約能源的教育和行動，就應該受到更多的關注與支持（圖 7-6）。

圖7-6　使用核能的爭議：核能究竟是不是我們的未來，到現在還有激烈的爭議。（新北・貢寮）

噪音汙染防治方面，一般可從管制聲源、阻滯傳輸與隔離受點三方面來進行。例如改善機器、汽車引擎加裝消音設備、區域性或時段性禁聲等是所謂的管制聲源；在高速公路、高架橋設立隔音牆、鐵路地下化、採用隔音建材等即是阻滯噪音傳輸（圖 7-7）；而如果兩種方法都不能有效採行，那只好用耳塞、耳罩等來隔離聽覺受點了。

三種物理汙染防治中，熱汙染防治可能最難有周全的措施，因為就能量不滅定律來看，熱能一旦產生，必定會提高環境中的溫度。以核電廠的溫排水為例，為了避免提高排水口的海水溫度，技術上可以加長排放渠道，讓溫排水有足夠的時間降溫，但實際上，這些廢熱只

是被改排到空氣中而已，對大氣或氣候是否真的就沒有影響，應該只是兩害相權取其輕的應變措施而已。因此，若要達到防治熱汙染的目標，從根源處減少製造廢熱才是根本之道，例如不要將室內的冷氣調到太低，就可以減少供應能源和機器運轉所產生的廢熱，但因為這是改變生活習慣的問題，所以必須從教育宣導上加強努力。

圖7-7　噪音防治措施：在高架道路兩側築起隔音牆，目的即在阻隔噪音的傳送。（臺北市）

 ## 7-3　環境保護措施

　　汙染防治與環境保護經常被混為一談，但如果詳予區別，汙染防治大多是針對某種特定汙染源所採行的一些防止或整治手段；而環境保護則是以普遍提升環境品質為最終目標。因此，汙染防治通常是局部的或是治標的；而環境保護則是全面的，是治本的。

　　目前，全球性的環境保護共識，正透過聯合國、環保團體、研究機構等共同努力而逐漸成形，也許距離理想目標仍然遙遠，但至少已跨出最難的第一步，而目前較有成就的環境保護措施，大概分為下列四項：

一、提高環境自淨能力

自然環境受到汙染時，可以藉助大氣或水流的擴散、氧化等理化反應，以及微生物的分解作用，將汙染物轉變成無害的物質，使環境回復到原本的潔淨狀態，即是所謂的「環境自淨能力」（圖 7-8）。

圖7-8　提高都會區的環境自淨能力：在市區闢建大型的公園和綠地，可以提高環境的自淨能力。（臺北市‧大安森林公園）

要發揮環境自淨能力的前提，是必須保持自然生態的完整性，所以，設法維護環境甚至修復環境中受損的環節，是提高環境自淨能力的可行性措施。例如，在都會區的空地上加強綠化或增加植栽來取代水泥和柏油地，對空氣中的粉塵及二氧化碳含量都有明顯的降低效果，且對噪音的阻隔及都市熱島效應的防止也有顯著的功能。另外，如果減少對水源地、山坡地的開發與破壞，讓河流的流量能經常保持充沛而穩定，那河流本身就有更強的稀釋作用和生物、理化作用來抵抗外來的汙染。可見，維持或修復環境回歸到自然狀態，是環境保護措施的第一要務。

二、加強環境監測工作

　　所謂「環境監測」，是政府機構透過監測站或研究單位，對區域內的網狀定點實施長期的環境變化測定與監控措施。監測對象可能包括水質、大氣、土壤、生物等等，經持續性的比對、分析監測所得的數據，就可以對環境品質是否改善或惡化提出參考性或預警性的建議。其目的是要讓有害環境穩定的因素能及早受到控制，而有利於自然環境發展的作為則可以更積極的推行。

　　由於環境監測功能的發揮，必須依靠長期而全面的測定數據做基礎，除了由政府或學術單位進行長期監測外，也可以透過「公民科學」(Citizen Science) 的方式，由全民共同參與收集相關環境監測數據，再交由專家進行分析解讀，達到環境監測的目標（專題 7A）。對於全球環境變化的監測工作，則必須透過國際間的合作才能有效進行。目前，聯合國環境規劃署已經協同國際原子能機構、國際氣象機構、聯合國文教組織、世界衛生組織、世界糧食及農業組織等單位在共同執行地球環境監測工作，至於監測技術的標準與環境背景值的建立，則仍在繼續努力當中。

三、落實資源回收制度

　　人類的生活及產業都會製造出形質各異的廢棄物，例如家庭垃圾中大量的廢紙、塑膠、鐵鋁罐和有機廚餘；營建業的廢土；交通業的廢棄車、廢輪胎；以及農業廢渣；工業廢渣等等，都是隨處可見的固體廢棄物。早期對這些巨量廢棄物的處理方式，大多以掩埋、灰化或海拋為主，但無論採用那一種方法，都難免造成二次傷害。例如掩埋法的滲漏水會汙染水源和土壤；灰化法會汙染空氣；海拋法更會破壞海洋的生態平衡。因此，根本解決之道，應該要從減少廢棄物的產量開始著手。

專題7A

臺灣新年數鳥嘉年華

　　臺灣位處鳥類東亞澳遷徙線 (East Asian-Australasian Flyways) 上，在這條候鳥南來北往的路徑上，共有 492 種遷徙水鳥，每年大約有兩百萬隻在亞洲和大洋洲間進行遷徙，然而，這些候鳥遷徙途中所需用以棲息、覓食的泥灘地，卻因人為開發破壞而大量劣化減少，導致東亞澳遷徙線候鳥族群量大幅下降。

　　臺灣屬於東亞澳遷徙線上的重要度冬地與中繼站，但是卻缺乏全國冬季鳥類族群狀態的系統性監測計畫，因此，自 2014 年起，由社團法人中華民國野鳥學會發起，與社團法人臺北市野鳥學會、社團法人高雄市野鳥學會，以及行政院農業委員會特有生物研究保育中心共同籌辦，推動「臺灣新年數鳥嘉年華」的公民科學活動，在特生中心專家學者對於調查方法、樣區劃設進行科學性的規劃，以及鳥會全臺志工的通例協助下，使用統一的方法，於每年 12 月下旬至隔年 1 月上旬的 23 天內，在全臺 173 個半徑 3 km 的樣區圓內執行同步性高的鳥類調查，藉此瞭解：1. 度冬水鳥的群聚組成；2. 度冬水鳥的鳥種豐富度及豐度的分布；3. 度冬水鳥的族群變化趨勢。

　　臺灣新年數鳥嘉年華活動至 2022 年已持續進行 9 年，依據 2021 年年度報告，歷年資料分析顯示，將臺灣區分為：1. 臺灣本島、2. 彰化沿海、3. 嘉南沿海及 4. 蘭陽平原等四個區域。整體來說，以蘭陽平原的度冬水鳥減少得最為嚴重，共有 15 種水鳥的數量顯著減少，而擁有大片泥灘地的彰化沿海的各種度冬水鳥數量尚稱穩定。可見透過公民科學的方式，卻能有效達到長期環境監測的目標。

減少廢棄物產量，除了可以運用壓縮技術縮小其體積外，回收有再生價值的資源性廢棄物，是另一種有效且具積極意義的做法。現在大部分已開發國家的國民都已深知家庭垃圾中的紙張、鐵鋁罐、保特瓶、玻璃、廚餘等都是可回收利用的資源（圖7-9），還有些技術更先進的國家，正研究如何將各類廢渣改造成建材，或是利用垃圾製造沼氣或發電，而臺灣在資源回收再利用的領域更是領先全球，不但利用回收寶特瓶再製成環保球衣，在 2018 年世界盃足球賽中獲得 16 個國家隊選用，舉世矚目，2022 年世界盃足球賽中更進一步利用海洋廢棄物再製成「海洋回收抗爆球衣」，獲 9 個國家採用為國家隊球衣。這都是基於資源回收理念所發展出來的環保科技。

圖7-9　落實資源回收：資源回收工作是全世界共同的環保行動，回收體系越健全，代表該地區越先進 。（日本·東京）

四、成立跨國性環保組織並制定國際公約

由於某些汙染源的危害是全球性的，所以環保工作勢必透過國際合作才能收到良好的效果。目前這方面的工作，在聯合國及國際性環保團體的努力下，部分攸關全球安危的環保策略已建立初步共識，其中具體的協議，以防止氣候及大氣改變的居多。以下，就是一些比較重要的國際性環境保護協定。

（一）防止大氣及氣候改變方面

1. 1979 年，聯合國歐洲經濟委員會環境委員會議召集相關國家，簽訂「長距離越境大氣汙染條約」，並自 1983 年 3 月生效，共有 32 個國家或團體加入全球性大氣汙染的防治工作。

2. 1987 年，聯合國環保組織召集 24 個主要工業國家於加拿大蒙特婁簽定「防止破壞地球臭氧層協定」，該協定又稱為「蒙特婁議定書」。其內容原訂自西元 2000 年起全面停用氟氯碳化物 (CFCs)，但由於臭氧層破壞的情況日趨嚴重，故在 1989 年宣布將停用期限提前到 1996 年 1 月 1 日，且願意加入並遵守該協定的國家也更增加到 70 餘國，未參加該協定者，將受到簽約國的經濟制裁。

3. 1985 年，有 18 個國家於赫爾辛基簽訂削減硫氧化物的「赫爾辛基條約」，同意於 1993 年前減少硫氧化物的排出量以降低酸雨的危害。

4. 1988 年，12 個國家締結「索非亞協定」，宣告自 1989 年 10 月，各國應減少產出氮氧化物 30%，其目的同樣是防止酸雨的影響加劇。

5. 1988 年 6 月，多倫多會議中提議，為避免大氣溫室效應增強，已開發國家應於 2005 年減少二氧化碳的排出量 20%。

6. 1989 年 11 月，有 68 個國家於荷蘭那德威克舉行「大氣汙染和氣候變動環境首長會議」，會中所獲的結論即是所謂的「那德威克宣言」。主要內容為立即停止濫伐熱帶雨林，並建立對「二氧化碳等溫室效應氣體應予安定化」的共識。

7. 1992 年 6 月 3 日到 14 日，全世界有 176 國政府代表團及近千個民間團體群集於巴西里約熱內盧，舉行「聯合國環境與發展會議」，又稱為「地球高峰會」。該會議本著「建立我們共同的未來」之崇高理想，有 154 國簽署了「氣候變化綱要公約」。

8. 由於「氣候變化綱要公約」並未被會員國認真執行，全球二氧化碳濃度也還在不斷飆升，因此在 1992 年 12 月，各國政府代表再於日本京都舉行「第三次締約國大會」，會中提議規範 38 個國家及歐

盟必須以個別或共同的方式,在 2008~2012 年間將該國溫室氣體排放量降至 1990 年的水準並再減少 6~8%。這即是全球環保歷程中赫赫有名的「京都議定書」。這項協議目前仍有許多阻力,例如美國是二氧化碳的排放大國,對該項協議就遲遲不願簽署,但無論如何,在全球共同努力下,該協議對減緩大氣溫室效應方面應有正面助益。

9. 2015 年 12 月,在法國巴黎召開的聯合國氣候變化綱要公約第 21 屆締約方大會中,各締約方協議未來將一起努力控制地球氣溫的上升幅度。力求與工業化前的水平相比,全球將致力限制升溫小於 2℃,最好在 1.5℃ 以內,這項具有重要意義的氣候協議就是「巴黎協定」(Paris Agreement)。與京都議定書不同的是,巴黎協定將減排義務擴及至中國大陸與印度。為了達到這個目標,要求所有國家必須以五年為一周期,訂定自己的目標進行二氧化碳減排或限排,亦要求已開發國家需提供氣候變遷資金,來幫助開發中國家減少溫室氣體排放,並有能力面對全球氣候變遷所帶來的後果。

(二)防止海洋汙染方面

為有效防止海洋汙染,國際間由聯合國海事組織主導,制定了「國際海洋保護條約」。另有「倫敦廢棄物投棄條約」,嚴格禁止海上焚燒或將有害廢棄物投棄入海的行為。其後,1982 年又通過新的「聯合國海洋條約」,明訂海洋的環境保護及資源保育規範。2001 年新通過「管制船舶有害防汙系統國際公約」,以減少用於船舶以管制和防止有機體附著的塗層、油漆、表面處理、表面或裝置等防汙系統對海洋環境和人類健康產生不利影響。2004 年又訂定「船舶壓艙水及沉積物管理國際公約」,制定更安全有效的壓艙水管理選擇方案,以持續防止、儘量減少並最終消除有害水生物和病原體的轉移。

(三)防止沙漠化方面

為防止全球沙漠化的面積擴大,1934 年聯合國大會通過「防止沙漠化國際合作」議題,另於 1977 年召開「聯合國沙漠化防止會議」,

通過「沙漠化防止行動計畫」。最新於 1994 年通過「聯合國對抗荒漠化公約」，以對抗應對荒漠化的挑戰。

（四）保護熱帶雨林方面

1. 1985 年，聯合國糧食及農業組織通過「熱帶森林行動計畫」。該計畫計有 62 個國家參與，目的在依照各地區的實際狀況，研擬適當的森林開發及保育策略。
2. 1989 年，「那德威克宣言」宣示立即停止濫伐熱帶雨林。
3. 2009 年聯合國生物多樣性公約第 15 屆會員國大會通過了哥本哈根協定，計畫成立綠色氣候基金，透過提供財政誘因，以此鼓勵開發中國家政府、農企業和當地社區維持並增加森林覆蓋率。

（五）保護野生動植物方面

1. 1975 年，保護野生動植物的「華盛頓公約」正式生效。該公約的正式名稱是「瀕臨絕種野生動植物國際交易公約」。目的是要藉由禁止或限制野生動植物及其產品的交易或進出口行為，以達到保護野生動植物的目的。
2. 1992 年，「地球高峰會」的另一項具體成效，是有 157 國簽署了「生物多樣性公約」，目的即在保護現有的生物資源。

7-4　自然資源保育

　　自然界提供人類賴以維生的物質是為自然資源，依其特性可分成三類：一是恆定性資源，指的是不虞匱竭的太陽能、風力能、潮汐能、地熱能等；二是非再生性資源，如各種礦產、煤炭、天然氣、原油等有限而不會再形成的物質；三是再生性資源，指的是土壤、水源、森林、生物等生生不息的資源，但仍須以合理而適當的利用為前提。

　　就目前的情況來說，由於人口激增，對自然資源的需求量也急遽升高，因此，非再生性資源的存量正日漸減少，再生性資源也因不當開發，再生速度遠遠落後於消耗的速度。據 1999 年國際能源總署與

美國石油總會最樂觀的估計，全球石油的蘊藏量大約可以用到 2050 年左右。屆時如果人類仍然存在的話，勢必要開發新的替代能源，否則人類將面臨能源耗竭的危險。

再生性資源方面，土壤的沙漠化正以每年 600 萬公頃（約臺灣面積的二倍）的速度在增加；土地的流失率每年約有 140 億公噸，相當於全球耕地總量的 0.4%；且熱帶雨林估計每分鐘消失 20 公頃，如果以此速度推算，大概到 2030 年時熱帶雨林將從地球上完全消失。至於生物資源部分，地球上現存的動植物應不超過 1,000 萬種，但生態學者估計，1980 年以來，平均每天都有一種以上的生物從地球上絕跡，如果熱帶雨林消失的話，推測會有 400 萬種生物因而滅絕，其中可能包含所有植物品種的 80%。

雖然從上述的資料看來，全球自然資源都是只減不增，但還是有樂觀的生態學者認為：如果依據生態學原理，對自然環境及資源進行合理的經營、管理與保護，那自然資源衰竭的速度應該可以減緩、甚至是可以避免的，而其所提出的保護策略如下：

一、非再生性自然資源的保護策略

關於礦產、煤炭、天然氣、原油等非再生性資源，即使有其他儲藏量尚未發現，或是新開發的頁岩油，但其存量有限是一個不爭的事實。因此，若要減緩資源耗竭的壓力，必須從消極的節約消耗和積極的開發取代兩者同時並進，具體的做法列述如下：

（一）加強資源回收工作

提高資源性廢棄物的回收率，儘量使用可以再生、再利用的原料，以減少自然資源的消耗。

（二）開發代用資源

利用存量多的資源取代存量少的資源，利用可回收的原料取代不可回收的原料，或是利用太陽能、風力能、潮汐能等不竭資源來取代非再生性的能源。

（三）提高使用效率

讓所有自然資源都能夠充分發揮其使用效能，例如採礦時應提高萃取率，引擎、渦爐等動力設備應使能源完全燃燒等，都可減少自然資源的浪費。

（四）持續教育宣導與鼓勵措施

節約能源、資源回收等環保教育應持續推行，不應有階段性或區域性的差異。各類回收物應有適當的回收獎勵金，鼓勵民眾參與資源回收工作，既可提高資源性廢棄物的回收率，亦可提供經濟弱勢者就業機會。而臺灣未經客觀評估，即驟然取消回收獎勵金，是一種罔顧現實情況的不當措施。

（五）制定周延的環保法令

為了確保各項環保策略能夠有效進行，制定周延的法令勢在必行。例如，對產業應訂定罰則，強制達到一定的回收比率；對高消耗資源者應課以更多的稅捐或費率等，都必須以立法為基礎。

二、再生性自然資源的保護策略

由於各類再生性自然資源彼此的關聯性甚強，不當的開發，常導致連鎖性的影響。例如，森林的用處不僅在供應木材的來源，它同時還兼具涵養水源、安定土壤、保持自然景觀並提供野生動物棲息等功能。可見，對再生性自然資源的開發與利用，事前考慮其整體性後果是絕對必要的。

目前再生性自然資源中，已面臨人類嚴重破壞的包括森林、水源、土壤、自然景觀及野生動植物等。而如果破壞是連鎖性的，保護就必須是全面性的，因此，在保護策略的研擬上，也大都以整體性的考量為前提，具體做法上可分為下列四項：

（一）劃定自然保護區

　　德國博物學者漢伯特首倡保存自然生態的觀念，自 1872 年美國設立黃石公園成為全世界第一座國家公園以來，劃定自然保護區或自然公園已成為各國保護自然資源的一種重要方法。自然保護區除了可以維持自然景觀、涵養水源或提供教育研究外，最重要的貢獻在防止某些動植物瀕臨絕種以保存生物多樣性。例如中國大陸劃定保護區並訂定禁獵辦法，使貓熊及娃娃魚的棲息地免受破壞；非洲廣設動物保護區以防止犀牛、大象等被盜獵（圖 7-10）；臺灣也因雪霸、玉山國家公園的設立使黑熊再現生機，這些都是劃定自然保護區所發揮的具體功能。

圖7-10　劃定自然保護區：為了防止犀牛、大象等被盜獵，非洲許多國家都設有面積遼闊的野生動物保護區。（肯亞‧Amboseli）

（二）推廣生態工法

　　人類為了生存需要，往往大規模改變自然界的原有狀態，但大量水泥化、人工化的結果，造成野生動物的洄游途徑被阻斷甚至失去棲所。因此，避免盲目的整治或開發是維護自然資源應有的觀念，而若在不得已的情況下，也應該以能夠保護生物棲地的「生態工法」為考量，例如整治河道時保留魚梯（圖 7-11），以壘石取代全面灌漿的擋土牆等即是（圖 7-12）。

圖7-11　生態保育設施：在河床興建攔沙壩時如果能在河道一側設計「魚梯」，就可為洄游性生物保留一線生機。（宜蘭・頭城）

圖7-12　生態工法。

(a) 傳統擋土牆上有許多縫隙，可提供動植物適當的生存條件。（基隆・經國學院）

(b) 現代擋土牆為了提高強度和施工方便，採全面式灌漿設計，形成一種寸草不生的非自然環境。（新北・汐止）

(c) 改良式的擋土牆採生態工程，以疊石方式砌築，至少能為生物保留一些棲所。（花蓮・太魯閣）

（三）執行復育工作

對某些適應能力較差，或族群中的個體數量已降低到幾乎無法自然繁衍的生物，就不得不以人為介入的方式進行復育工作。但有些人誤以為復育就是把野生動物變成人工畜養的牲畜，其實兩者完全不同。畜養是把動物圈養在固定場所，以經濟利益為目標；復育則是將野生動物暫時保護，並積極培養其野外求生能力，等時機成熟，仍要把它野放到自然環境中，使之回歸正常的生態系統。

復育工作的成就，以美國拯救加洲兀鷲 (California Condor) 最為著名。加洲兀鷲是冰河時期以來就生存在地球上的一種大型鳥類，1980 年調查野生兀鷲僅存 15 隻，1985 年發現又減少 9 隻，為了避免完全滅絕，只好將剩下的 6 隻兀鷲捕捉後送到聖地亞哥野生動物公園及洛杉磯動物園以人工飼養和繁殖。1992 年 1 月，生物學家確定南加洲的洛斯帕德斯國家森林公園可以適合兀鷲生存，於是將飼養的一對兀鷲野放並長期提供食物及追蹤觀察，現在確定它們已經可以在自然界中再度繁衍，假以時日，加洲兀鷲就可達到足夠自然生存和繁殖的數量。

臺灣的野生動物復育工作也在積極推展，除了政府單位的大型復育計畫外，民間也有很多自發性的區域保育行動在熱烈進行。比較有成效的如臺灣梅花鹿的野放計畫及達娜伊谷的封溪護漁行動，至 2022 年止，全國已有 18 個縣市超過 100 條溪流曾經執行或正在執行封溪護漁的工作（專題 7B）。臺灣梅花鹿是臺灣特有亞種，1969 年就已經在野外絕跡，1984 年，臺灣梅花鹿復育研究小組從當時的圓山動物園選取 22 隻種鹿移往墾丁國家公園進行復育工作，目前已成功繁衍，並先後於社頂公園附近野放 50 隻，至 2022 年估算已有超過 1,500 隻梅花鹿生存於恆春地區野外環境中，然而因數量增加產生的環境衝擊也逐漸浮現，例如草原被啃食殆盡，食草不足造成樹木遭環狀剝皮啃囓造成的植被死亡，進入農地偷食農作物等超過環境承載量的不良影響。因此在執行復育工作時，也應建立族群控制機制的完整配套措施，才不會因復育而造成另一種環境傷害（圖 7-13）。

圖7-13　梅花鹿復育：復育梅花鹿在墾丁社頂公園野放成功，是臺灣保育工作上的成功案例。（臺北・木柵）

（四）加強生態保育教育

　　除了臺灣梅花鹿復育成功外，櫻花鉤吻鮭也是臺灣投注極大心血想要積極保育的稀有動物。櫻花鉤吻鮭是臺灣的特有亞種，原本普遍分布在大甲溪上游，後來在山區開發及濫捕壓力下，幾乎在自然界中絕跡。目前在農委會規劃下，櫻花鉤吻鮭已在七家灣溪上游進行人工授精、孵化、放流等復育措施。但由於棲息地受到人為破壞與自然災害的雙重干擾，其族群的數量仍然不能大量增加，可見要讓瀕臨絕種的生物再現生機，即使付出相當大的代價也不一定會有良好的成效。因此，若能教育每一個人建立維護自然環境的觀念，並培養與其他生物共存共榮的共識，才是避免自然資源匱竭的根本解決之道（專題7C）。

專題7B

達娜伊谷封溪護漁行動

　　達娜伊谷是一個鄒語的地名，位於嘉義縣阿里山鄉山美村，由於村內有一條達娜伊谷溪流過，所以鄒族原住民習慣以達娜伊谷稱呼這個地方。

　　達娜伊谷溪發源於海拔 2,000 公尺的中央山脈，由於地勢高、落差大、水流湍急，所以溪中有許多適應高溶氧的冷水性魚類棲息其間，例如高身鯝魚、爬岩鰍、鱸鰻等皆是。早期這裡是鄒族的漁獵場，由於族人都能遵守傳統的使用規範，所以各種生態資源也都可以維持自然與平衡。但自從阿里山公路開通後，許多外來的干擾逐漸讓這片淨土失去原來的風貌，例如興建攔沙壩、傾倒廢土、開闢茶園等，最嚴重的是毒魚、電魚、炸魚等殘害生態的行為，幾乎趕盡殺絕了這條溪流中豐富的生物資源。

　　1989 年，山美村居民不忍祖先的淨土慘遭蹂躪，於是興起保鄉護土的動機。同年 10 月，村民大會一致通過「達娜伊谷生態保育計畫」，並且制定村民自制公約，讓全村建立保護溪谷自然資源的共識。之後，在熱心人士鼓吹下，更成立「山美觀光發展委員會」，選定當地自然風貌維持良好的的達娜伊谷溪及兩側各六公里的原始林地作為生態保育區，嚴禁任何捕獵及開發行為，以確保此項環保行動得以貫徹初衷。

　　1990~1994 年間，「山美觀光發展委員會」組織當地 15 歲以上、50 歲以下的男性居民成立巡守隊，共同擔任義務巡邏任務。如此經過為期 4 年「封溪護漁」的努力，終於看到溪裡的水生資源有逐漸復甦的景象，尤其是列為臺灣瀕臨絕種的高身鯝魚，在這裡已經隨處可見。

　　自然資源恢復後，村民為能將保育工作的成果和經驗與外界分享，也為了促進社區的經濟繁榮，於 1995 年 2 月正式成立「達娜伊谷自然生態公園」，並以酌收清潔維護費方式對外開放。目前園區內設有三處賞魚區及自然生態觀察步道，並為了調節溪中的魚類族群量，每年雨季開放外界以付費方式垂釣，為該公園創下每年數百萬元的營業收入，而社區民眾因觀光人潮所帶來的經濟收入，也大幅改善了當地人原有的生活。

　　達娜伊谷以社區民眾的自發性力量發起保育行動，成功復育了原有的自然資源，再透過善用自然資源的方式為社區開創可觀的經濟收入，可說是臺灣民間生態保育行動可貴的成功案例。可見，如能結合社區民眾的感情與力量，捨棄成見、理性規劃，共同投入關懷疼惜環境的行列，假以時日之後，自然界可能回饋給人類無限的新希望。

圖7B-1　達娜伊谷自然生態公園內的賞魚區。

圖7B-2　復育成功後，成群的魚在達娜伊谷溪中隨處悠游。

專題7C

櫻花鉤吻鮭的復育

　　櫻花鉤吻鮭最早是由日本學者大島正滿於 1918 年在梨山附近發現的,所以曾經有「梨山鱒」之稱。其後在分類學上曾數次更名,最後才於 1962 年確認櫻花鉤吻鮭是太平洋鮭(屬名為 *Oncorhynchus*,又稱為大麻哈魚屬)家族中的一個分支,故命名為 Oncorhynchus masou formosanus。

　　太平洋鮭的家族共有四個亞種,其中日本櫻鮭 (*Oncorhynchus masu Brevoot*) 與櫻花鉤吻鮭最為相似,但臺灣的櫻花鉤吻鮭比較耐高溫,也是唯一分布在亞熱帶地區的一個亞種。至於本來應該生活在寒帶水域的洄游性鮭魚,為何會出現在亞熱帶的臺灣?據推測,可能是冰河時期櫻花鉤吻鮭就已經生存在這裡,而且當時臺灣應該與大陸相連,後來因為地形變動,櫻花鉤吻鮭才會被關在臺灣的高山上而成為陸封型的魚種。

　　臺灣的櫻花鉤吻鮭現在只分布在雪霸國家公園境內的七家灣溪一帶,由於族群的個體數量稀少,故於 1984 年就已依據文化資產保存法公告為珍貴稀有野生動物,並於 1987 年開始科學性研究並規劃復育工作。唯二十年來,櫻花鉤吻鮭的個體數量通常都只能維持在 600~900 之間,之後經過大量資源投入,進行人工授精孵化仔魚,並在多條適當的溪流野放復育,且進行攔砂壩拆除等棲地改良工程,終於在 2019 年進行臺灣櫻花鉤吻鮭野外族群總數量調查時,數量估算達 10,532 尾,為自有調查紀錄以來唯一突破萬尾,創歷史新高,其中七家灣溪及高山溪流域 5,392 尾;羅葉尾溪 1,126 尾及有勝溪上游 121 尾;樂山溪 136 尾;合歡溪流域 3,757 尾,這些流域族群數量已達穩定,能進行自然繁衍,成功建立新族群。可見,當一個物種遭受人為濫捕或棲地破壞而瀕臨絕種之後,即使投注可觀的人力、物力加以復育,其成效也並不一定可以樂觀預期,必須經過長期努力,才有機會稍有成果。所以,防止環境惡化導致生物棲地喪失,應是生態保育工作更需積極努力的方向。

1. 人為汙染源可分為工業汙染源、農業汙染源、交通運輸汙染源及生活汙染源
    等四種。

2. 工業汙染源包含有：

    (1) 工業廢氣：粉塵、二氧化硫、一氧化碳、氮氧化物、碳氫化合物。

    (2) 工業廢水：汞、銅、鋅、鎘、氰化物、硫化物、酚類。

3. 農業汙染源包含有：

    (1) 有機營養汙染：氮、磷、鉀等人工化學肥料及有機殘渣。

    (2) 有毒物質汙染：有機氯、有機磷、有機硫等農藥成分。

4. 交通運輸汙染源包含有：

    (1) 廢氣：二氧化碳、一氧化碳、氮氧化物、碳氫化合物、鉛化合物等。

    (2) 噪音。

    (3) 廢油。

5. 生活汙染源包含有：

    (1) 廢水：食物殘渣、排泄物、清潔劑、有機汙染物、細菌、病毒等。

    (2) 垃圾：紙張、包裝容器、家具等固體廢棄物。

    (3) 熱汙染：空調設備、家電設備所產生的廢熱。

    (4) 輻射汙染：醫療設備、通訊設備的輻射線。

6. 防治空氣汙染的工作項目有：

    (1) 改變燃料結構。

    (2) 減少交通工具的廢氣汙染。

    (3) 改善燃燒過程。

    (4) 加強排煙淨化設備。

    (5) 合理規劃工業區的分布。

    (6) 增加煙囪高度並採集合式排放廢氣。

7. 防治水汙染的工作項目有：

(1) 控制廢水排放量。

(2) 加強廢水處理。

(3) 防止海域受廢油汙染。

8. 防治物理汙染的工作項目有：

(1) 嚴格管制「放射源」並加強核電廠的安全措施以防輻射汙染。

(2) 以管制聲源、阻滯傳輸、隔離受點三種措施來防治噪音汙染。

(3) 改變生活習慣，從根源處減少製造廢熱。

9. 環境保護措施包含下列四項：

(1) 提高環境自淨能力。

(2) 加強環境監測工作。

(3) 落實資源回收制度。

(4) 成立跨國性環保組織並制定國際公約。

10. 自然資源依其特性可分為三類：

(1) 恆定性資源：太陽能、風力能、潮汐能、地熱能等。

(2) 非再生性資源：礦產、煤炭、天然氣、原油等。

(3) 再生性資源：土壤、水源、森林、生物等。

11. 非再生性自然資源的保護策略有：

(1) 加強資源回收工作。

(2) 開發代用資源。

(3) 提高使用效率。

(4) 持續教育宣導與鼓勵措施。

(5) 制定周延的環保法令。

12. 再生性自然資源的保護策略有：

(1) 劃定自然保護區。

(2) 推廣生態工法。

(3) 執行復育工作。

(4) 加強生態保育教育。

( )1. 下列何者不屬於人為汙染源？ (A) 工業生產排放的二氧化硫、一氧化碳以及氮氧化物和碳氫化合物 (B) 施肥不當，導致過多的氮、磷、鉀等人工化學肥料流入自然水體 (C) 火山氣體噴發釋放過多的氫氣、硫化氫、二氧化碳等氣體 (D) 家庭汙水中含有的食物殘渣、排泄物、清潔劑等有機汙染物。

( )2. 有關空氣汙染防治工作的說明何者錯誤？ (A) 臺灣興建第三天然氣接收站就是運用改變燃料結構以降低空氣汙染的方法 (B) 運用關稅減免的方式鼓勵民眾以電動車、瓦斯車取代燃油車種能進一步減輕空氣汙染 (C) 改良汽車化油器、改良燃油噴嘴構造可以節約燃料，但無法降低空氣汙染 (D) 合理規劃工業區分布，有利於廢氣的稀釋而降低空氣汙染程度。

( )3. 有關水汙染防治工作的說明何者錯誤？ (A) 工廠採用循環式的用水法可以將廢水排放量減到最低 (B) 汙水處理廠透過五級處理的方式減少家庭廢水的汙染程度 (C) 海域廢油汙染運用介面活性劑製成的除油劑來乳化廢油分子使之分散在海水中，讓細菌較易發揮淨化作用 (D) 全球都有海洋生物因嚴重水汙染而大量死亡或瀕臨絕跡的現象，因此水汙染的防治問題，其實是一種全面性的生態保護工作。

( )4. 下列何者不是生活汙染源？ (A) 食物殘渣、排泄物、清潔劑 (B) 紙張、包裝容器、家具等固體廢棄物 (C) 發電廠產生的廢熱 (D) 醫療設備、通訊設備的輻射線。

( )5. 有關環境保護措施的敘述何者錯誤？ (A) 保持自然生態的完整性，是提高環境自淨能力的可行性措施 (B) 公民科學的推廣有利於全球環境變化的監測工作 (C) 回收有再生價值的資源性廢棄物無法減少廢棄物產量 (D) 某些汙染源的危害是全球性的，所以環保工作勢必透過國際合作才能收到良好的效果。

( ) 6. 以下對於環境保護相關的國際公約說明何者錯誤？ (A)「聯合國氣候變化綱要公約」第 21 屆締約方大會中，協議未來將一起努力控制地球氣溫升溫小於 5℃，最好在 2.5℃ 以內 (B) 聯合國生物多樣性公約第 15 屆會員國大會通過了「哥本哈根協定」，透過提供財政誘因，以此鼓勵開發中國家政府、農企業和當地社區維持並增加森林覆蓋率 (C)「華盛頓公約」目的是要藉由禁止或限制野生動植物及其產品的交易或進出口行為，以達到保護野生動植物的目的 (D)「船舶壓艙水及沉積物管理國際公約」目的是持續防止、盡量減少並最終消除有害水生物和病原體的轉移。

( ) 7. 自然資源依其特性可分成三類，下列有關自然資源的敘述何者錯誤？ (A) 非再生性資源，如各種礦產、煤炭、天然氣、原油等有限而不會再形成的物質 (B) 非再生性資源的存量正日漸減少，但因開發方式改良及新的儲藏量被發現，例如頁岩油的開採，因此沒有枯竭的問題 (C) 再生性資源，指的是土壤、水源、森林、生物等生生不息的資源 (D) 再生性資源因不當開發，再生速度遠遠落後於消耗的速度，也面臨逐漸枯竭的問題。

( ) 8. 有關非再生性自然資源的保護策略何者正確？ (A) 提高資源性廢棄物的回收率不會減少自然資源的消耗 (B) 利用太陽能、風力能、潮汐能等不竭資源取代非再生性的能源就不會增加自然資源的消耗 (C) 提高汽機車引擎等動力設備的燃燒效率，無法減少自然資源的浪費 (D) 降低電動車關稅，無法減少自然資源的使用量。

( ) 9. 有關再生性自然資源的保護策略何者正確？ (A) 自然保護區可以維持自然景觀、涵養水源或提供教育研究，但無法防止某些動植物瀕臨絕種 (B) 溪流整治採用生態工法大規模改變自然界的原有狀態，造成野生動物的洄游途徑被阻斷甚至失去棲所 (C) 復育是把將野生動物圈養在固定場所，提供觀賞，以獲得經濟利益為目標 (D) 透過教育建立每一個人維護自然環境的觀念，才是避免自然資源匱竭的根本解決之道。

( ) 10. 下列何者不是臺灣曾經進行過的野生動物復育及保育工作？ (A) 墾丁國家公園野放臺灣梅花鹿 (B) 阿里山鄉達娜伊谷封溪行動 (C) 臺南蛇王農場繁殖獅虎 (D) 雪霸國家公園野放臺灣櫻花鉤吻鮭。

Thinking　　　　　　　　思考與討論

1. 生活汙染源中包含哪些類型的汙染物？

2. 瞭解你目前生活的行政區內，如何處理生活汙染物。

3. 檢視家中或教室的垃圾桶，討論其中廢棄物的種類及來源，並提出可行的減量辦法。

4. 蒐集資料討論資源性廢棄物的再利用或再生途徑。

5. 討論日常生活中，可用哪些方法來減少交通運輸方面所產生的環境汙染。

6. 討論與你專業相關的工廠或產業，它所產生的汙染源有哪些，可運用什麼方法使之改善？

7. 你有沒有任何構想，可以為你所從事的專業工作所產生的廢棄物，尋找一種可行的再生或淨化途徑？

8. 討論自然資源的類別，以及目前這些資源的消耗情況。

9. 說明非再生性自然資源的保護策略為何？

10. 就環保、社會、人性的角度，討論臺灣取消保特瓶回收獎勵金的措施是否合宜？

11. 請討論「提高環境自淨能力」的方法及其效益。

12. 舉例說明復育和畜養的差異。

MEMO:

CHAPTER **08**

臺灣的生態

環境生態學
Environmental Ecology

8-1 臺灣的地理位置

　　臺灣位在亞洲大陸棚東南邊緣，東臨太平洋，西濱臺灣海峽，從最北端的富貴角（圖8-1）到最南端的鵝鑾鼻（圖8-2），縱長約394公里；東西之間，從秀姑巒溪口到濁水溪口的橫寬約140公里，總面積35,760平方公里，海岸線則長達1,139公里。

圖8-1　臺灣最北端：富貴角位居臺灣的最北端。圖中的遠處即是富貴角燈塔。（新北・三芝）

圖8-2　臺灣最南端：臺灣最南端面臨巴士海峽，鵝鑾鼻燈塔聳立在恆春半島上。（屏東・墾丁）

就生態屬性來看，臺灣處於熱帶和亞熱帶之間，北回歸線正好穿過嘉義東石與花蓮秀姑巒溪口附近，平地的年平均溫度為攝氏 22 度，年平均降雨量為 2,500 公釐，但是季節性的溫差及降雨量卻有大幅度的差異。另一項值得注意的地理特性是，臺灣東西兩側的環境差異甚大，西岸大都屬沖積平原，東部則地形陡峭，因此，在日照方面東西兩邊也有顯著的差別。據學者研究，花蓮的年平均日照率僅有 38%，而在同緯度的臺中卻有 56%，所以在土地的生產力上，東西兩岸有明顯的不同。

海洋環境方面，臺灣西岸及東岸分別有北赤道洋流支流及黑潮自南而上，這是決定臺灣氣候型態的主因，而冬季北臺灣則受到來自北邊的親潮所影響，因此北部與南部在氣候表現上有些季節性的差別。至於與臺灣相鄰的地區是：西邊為亞洲大陸；北向有琉球群島和日本群島；南邊則與菲律賓群島相鄰，這些群島和臺灣成串分布在太平洋西緣，構成亞洲大陸海岸外側所謂的「花采列島」。

8-2 臺灣的地理環境

從地質史分析，6,500 萬年以來，由亞洲大陸河川經年累月沖刷堆積，在陸塊東南側大陸棚形成厚度近 8,000 公尺以上的堆積層，即為臺灣島岩石的主要來源，約 1,000 多萬年前，在大陸棚上發生了溢流式火山噴發，形成大面積的玄武岩熔岩平臺，也就是今天的澎湖群島前身，約 600 萬年前，菲律賓板塊與歐亞板塊開始發生碰撞，並將大陸棚上的沉積層推擠隆起，露出海面形成「古臺灣島」，約 300 萬年前，呂宋島弧的北端開始與古臺灣島發生接觸，加速了古臺灣島的抬升，此次擠壓作用稱為「蓬萊造山運動」，約 280 萬年前，菲律賓海板塊向西北方向隱沒到臺灣島之下，造成臺灣島北部大屯火山小規模噴發及琉球島弧的火山噴發，約 80 萬年前，臺灣北部地區的地殼由擠壓轉為張裂，造成大量岩漿噴出地表，現今北部的大屯火山群、基隆火山群、基隆嶼、澎佳嶼、棉花嶼和釣魚臺等，都是在此期間形

成的。因此，臺灣是由東南方漂移過來的菲律賓板塊撞上歐亞大陸板塊所造成的向上隆起，兩個板塊的縫合線就在花東縱谷上，在強烈的擠壓力量下，臺灣的地質一直處於動盪之中。而也正因為地盤隆起、火山爆發、地震、侵蝕等作用旺盛，才能夠雕塑出臺灣豐富而多變的自然景觀。

一、山系

山脈是臺灣地形的骨幹，全島超過 3,000 公尺的山峰大約有 220 座，主要的山脈分布為：西北部有北起鼻頭角、南至臺中谷關的雪山山脈；中西部有阿里山山脈；緊鄰阿里山山脈東側的是玉山山脈；再向東，就是北起蘭陽溪口向南貫穿全島到鵝鑾鼻的中央山脈；而屹立在太平洋邊的則是海岸山脈。在這重山峻嶺當中，有所謂的「五嶽三尖」列為本島群山之首，而玉山主峰更是東亞地區的第一高峰（圖 8-3）。其名稱及高度分列於下：

圖8-3　中央山脈：以中央山脈為主的五條山脈構成臺灣地形的骨幹，陡峭入雲是臺灣最常見的山系景觀。（阿里山東望玉山山脈）

（一）五嶽

玉山 (3,952m)、雪山 (3,886m)、秀姑巒山 (3,824m)、南湖大山 (3,742m)、大武山 (3,092m)。

（二）三尖

中央尖山 (3,705m)、大霸尖山 (3,492m)、達芬尖山 (3,208m)。

二、河川

臺灣地處亞熱帶，雨量充沛，但因山高水急，河流的切割、侵蝕作用旺盛，所以河川各種發育階段的特色隨處可見，例如峽谷、湍流、瀑布、河階地、沖積扇等地形，對臺灣民眾而言都不陌生（圖8-4）。

河川是魚類、甲殼類、兩棲類及鳥類的主要棲息地，是自然生態系中極為重要的一環。依環保署水質年報所載，納入調查範圍的大小河川有 129 條，其中高屏溪、濁水溪、淡水河是臺灣的三大河川。分布方面，如果依據經建會所擬定的區分方法，臺灣的河流分為北、中、南、東四區；各區內的河流又依據其流域面積劃分為主要河川、次要河川、普通河川三種，分述如下：

圖8-4　臺灣溪流景觀：臺灣河川大多流短湍急，瀑布、溪谷是最常見的溪流景觀。（a：中橫‧綠水；b：中橫‧文山）

（一）北部區域的河川

本區域涵蓋臺北、新北、桃園、新竹、宜蘭五個縣市，主要河川有淡水河、頭前溪、蘭陽溪，另有次要河川 14 條。由於臺灣北部受

東北季風影響,所以冬季雨量較多,但因夏秋兩季常有颱風來襲,所以短時間內的降雨量有時也相當可觀。一般來說,因為本區域的雨量分布較其它地區平均,所以河流的流量也就較為穩定。

（二）中部區域的河川

中部地區包括的行政區域有苗栗、臺中、彰化、嘉義、南投等縣市,主要河川由北至南依序為後龍溪、大安溪、大甲溪、烏溪(下游又稱大肚溪)、濁水溪、北港溪 6 條,另有大小河川 16 條,其中以濁水溪的流域最廣。

本區域每年 5~10 月受颱風及西南季風影響而形成雨季,11 月到隔年 4 月因東北季風被中央山脈所阻擋而出現乾季,因此河川就有豐水期與枯水期之分。大約估計,豐水期內的流量約是年平均逕流量的 79%,而枯水期則僅占 21% 而已。

（三）南部區域的河川

本區域包含臺南、高雄、屏東三個行政區,主要河川有 7 條,由北到南分別是朴子溪、八掌溪、急水溪、曾文溪、二仁溪、高屏溪、林邊溪等,另有次要河川 10 條,普通河川 22 條,其中以高屏溪位居各河流之首,也是全臺灣流域面積最大的河川。

降雨量方面,本區從每年 11 月到隔年 4 月間,因東北季風受中央山脈阻隔而形成乾季,但 5~10 月間則因西南氣流的影響而雨量豐沛。不過,本區域的降雨分布極不平均,雨量大多集中在山區以地形雨、颱風雨、或熱帶性雷雨居多,所以河川的流量也就有極大的差異。據統計,豐水期的流量約占全年平均逕流量的 91%。

（四）東部區域的河川

東部區域主要為花蓮、臺東兩地,境內有花蓮溪、秀姑巒溪、卑南溪 3 條主要河川,另有次要河川 5 條,普通河川 36 條,大部分河川因地形限制都是東西流向且相當短促,只有 3 條主要河川因沿著花東縱谷地勢而呈南北向流動且流域較廣,其中以秀姑巒溪的流域面積為各溪之冠。

降雨量方面，本區域與中部、南部相同，每年 5~10 月間雨量充沛，是河川的豐水期，其流量約占全年平均逕流量的 78%。

三、平原及盆地

地理學上將海拔低於 100 公尺的廣大平坦地稱為平原。臺灣的平原主要分布在東西兩側，東岸因為山脈與海岸線極為接近，所以平原面積較小，主要是由河口沖積而成；但西岸的平原除河口沖積作用之外，另有地殼隆起等因素，所以面積比東岸要廣闊一些。

全島的平原分布，如果由北向南依序點名，東岸有蘭陽平原、南澳沖積平原、和平沖積平原、花蓮溪口平原、卑南沖積平原，以及夾在中央山脈與海岸山脈間的花東縱谷。西岸最北的是新竹沖積平原（鳳山溪口），往南依序有竹南沖積平原（客雅溪口），苗栗河谷平原（後龍溪），大甲溪扇形平原，以及清水海岸平原。過了濁水溪以南的平原面積更廣，依序有嘉南平原（圖 8-5）、高雄平原與屏東平原，最南端的則是恆春縱谷。

平原以外，盆地在本島的經濟、人文上也占有舉足輕重的地位，面積較大的有臺北盆地、臺中盆地、埔里盆地以及臺東縣的泰源盆地等。

圖8-5　嘉南平原：耕地與魚塭遍布的嘉南平原，是臺灣面積最大的平原。（臺南·北門）

四、惡地及泥火山

惡地及泥火山是一種特殊的地形景觀，雖然在農業方面較不具重要性，但在臺灣的自然生態景觀中卻不應被忽略，未來則可能發展為生態觀光資源。

臺灣比較知名的惡地景觀有苗栗三義鄉的火炎山、高雄市燕巢區的古亭、崇德兩村的月世界等。這些特殊地形的成因，主要是泥質岩層或青灰岩鬆散的結構被旺盛的侵蝕作用切割，造成外觀尖銳陡峭的山壁，加上頻繁的土表沖刷，植物幾乎無法著根生長，因此在外觀上看起來就像月球表面般光禿荒涼，所以才有月世界及火炎山之稱（圖8-6）。

泥火山是本島另一項重要的自然景觀。泥火山和火山一樣會從地下噴出一些物質，不同的是，火山噴的是岩漿，而泥火山噴出的是泥漿，有些因為伴隨著天然氣可點火燃燒，使它看起來有點和火山類似。在臺灣比較有名的泥火山景觀，例如高雄市的烏山頂、花蓮縣富里的羅山泥火山、臺東關山的泡泡等；另外，有些泥火山已不噴泥漿而只噴出天然氣的，像臺南關子嶺的水火同源、恆春鎮的出火即是。但值得注意的是，這些特殊的自然生態資源，由於沒有妥善的保護，大多數都面臨土地開發或人為破壞所帶來的嚴重威脅，如果地方政府和一般民眾缺乏正確的認知，那這類具有研究和教育意義的地理景觀，或許有一天將要消失殆盡（圖8-7）。

圖8-6　惡地地形。

(a) 苗栗火炎山是北臺灣有名的惡地地形。（苗栗‧火炎山）

(b) 火炎山的地質是鬆散的泥質和礫石層。（苗栗‧三義）

(c) 高雄燕巢區的月世界是臺灣另一種惡地景觀。（高雄‧燕巢）

圖8-7　泥火山景觀。

(a) 恆春出火是多噴氣口的泥火山口。（恆春·出火）

(b) 無知的遊客闖入恆春出火的噴氣區烤肉和攝影，不但個人安全堪虞，也對生態景觀造成破壞。（恆春·出火）

(c) 水火同源：臺南關仔嶺是單一噴氣口的泥火山口。（臺南·關仔嶺）

五、海岸

　　從地質上分析，臺灣形成的時間大約是最近兩百萬年內的事，所以地表的侵蝕作用仍然十分旺盛。再加上四面環海，海水藉由波浪、潮汐、海流三種力量，不斷對海岸進行侵蝕、搬移、堆積的結果，造成臺灣極具變化的海岸景觀，「海蝕地形」與「海積地形」幾乎隨處可見。

（一）海蝕地形

海水的波浪對海岸衝擊，造成許多碎裂的石塊，大小石塊又在波浪中撞擊岩壁造成侵蝕，是所謂的「海蝕作用」。海蝕作用的結果，會形成「海蝕溝」或「海蝕洞」；若是岩壁下方的岩層被整個向內侵蝕，上方的岩壁失去支撐而整片塌下時就會出現「海崖」；海崖下方接近海平面的蝕餘岩臺，即是所謂的「海蝕平臺」；順著地層的節理侵蝕，形成孤立在海中的叫「海蝕柱」。所以，海蝕溝、海蝕洞、海崖、海蝕平臺、海蝕柱等是海蝕地形的主要特徵（圖 8-8）。

在臺灣，海蝕地形大多分布在東北角及花東海岸，例如蘇花公路的清水斷崖和崇溫斷崖就是舉世聞名的海崖地形；花東公路的八仙洞和淡金公路的石門洞則是典型的海蝕洞。海蝕平臺也分布甚廣，像北濱公路上的鼻頭角、北關一帶即是；而野柳的海蝕平臺上，更有蕈狀石、燭臺石等著名的海蝕景觀。另外，墾丁的珊瑚礁海岸也是海蝕地形的一種（圖 8-9）。

（二）海積地形

海水把侵蝕得來的沙石搬移到海流平緩的地方堆積起來，是為「海積作用」。海積作用的結果，會在海灣處形成沙灘或礫灘，如果在平直海岸則會出現狹長的沉積沙洲。沙洲還可分成幾種類型，平時沉在海平面下的叫「潛沙洲」；連接在陸地與島嶼間的叫「連島沙洲」；若在海濱之外形成一個沙洲島的則叫「濱外沙洲」，像臺灣赫赫有名的外傘頂洲，即是濱外沙洲的一種。濱外沙洲繼續發展的結果，可能在兩端與陸地相連接，造成中間一片封閉的水域，這即是所謂的「潟湖」，潟湖再繼續沉積，就會逐漸變成沿海沼澤而終成陸地。

臺灣周圍海岸都有大小不等的海積地形，其中以西南沿海發育得最為良好。例如從臺中大肚溪口以南，一直到臺南曾文溪口之間，都是一片沉積作用旺盛的平直沙岸，而位於嘉義東石外海的外傘頂洲，即是臺灣最大的沙洲島。

圖8-8　海蝕地形。

(a) 海岸的岩石被海水向內侵蝕形成海蝕溝。（新北・野柳）

(b) 岩壁下方被海水侵蝕後，上方崩塌就形成海崖。（花蓮・清水）

(c) 海崖下方被海水向內侵蝕形成海蝕洞。（宜蘭・龜山島）

(d) 在接近海平面形成平坦的蝕餘平臺，即是所謂的海蝕平臺。（新北・三貂角）

圖8-9　臺灣著名的海蝕景觀。

(a) 萼溫斷崖：蘇花公路上的萼溫
斷崖是險峻的海蝕景觀。（宜
蘭・南澳）

(b) 野柳燭臺石：燭臺石也是差異
侵蝕的海蝕景觀。（新北・野
柳）

(c) 野柳蕈狀石：蕈狀石是海水對
岩石差異侵蝕所造成。（新
北・野柳）

(d) 珊瑚礁海蝕地形：珊瑚礁海蝕
地形分布在南臺灣墾丁一帶。
（墾丁・帆船石）

　　外傘頂洲長約 5,000 公尺，寬約 1,200 公尺，最南端與臺灣陸地距離約 15 公里。島上有沙丘分布，沙丘與沙丘間的低窪處常有淡水蓄積，在生態上有極重要的功能。至於潟湖方面，臺南、高雄沿海均十分普遍，早期潟湖大多被開闢為鹽田，現在則都變成海水魚塭或牡蠣養殖區，但更重要的是，潟湖是一種生態資源極為豐富的濕地環境（圖 8-10）。

圖8-10　海積地形。

(a) 礫灘：海灣處的弧形礫灘是典型的海積地形。（臺東・三仙台）

(b) 潟湖：潟湖也是一種海積地形，臺灣西南海岸的潟湖大多被利用為蚵棚和魚塭。（臺南・七股）

(c) 鹽田：早期的潟湖有一大部分被開發成鹽田，但現在已逐漸縮減中。（臺南・七股）

六、濕地

所謂的「濕地」，指的是陸地與水域間的轉換地帶，狹義而言，就是一般人所稱的沼澤；但廣義的說，濕地應包括海岸潮間帶、潟湖、河口三角洲、湖泊與河川邊緣之淺水地，以及人工水田等均是。若依其特性歸類，則濕地可分為鹽性沼澤、河口沼澤、淡水草澤三種。

濕地以往都被當成不具產能的地區，所以經常被作為優先開發的地區而遭到破壞或改變，但近年的研究發現，濕地除了可以調節地下水位及防洪護岸外，更可以淨化水質並維護水產資源，尤其重要的是，濕地可以提供野生動植物的庇護場所，在生態上至為重要。因此，內政部營建署城鄉發展分署於 2006 年開始推動「國家重要濕地」保育工作，於 2007 年評選出 76 處國家重要濕地，依生態重要性區分為國際級 2 處、國家級 39 處、地方級 35 處，之後陸續新增，至今已有 82 處重要濕地，國際級維持 2 處，國家級和地方級均新增為 40 處。立法院亦於 2013 年 6 月 18 日三讀通過「濕地保育法」，以明智利用以及確保濕地零淨損失的概念，加強濕地之保育及復育。

臺灣的濕地分布，淡水草澤除了人工水田和各大河川行水區的邊緣外，內陸的淡水濕地以桃園、宜蘭縣界的鴛鴦湖，宜蘭縣的翠峰湖，墾丁的龍鑾潭（圖 8-11）；花蓮縣光復鄉的馬太鞍（圖 8-12），以及臺東縣池上鄉的大坡池（圖 8-13）最具盛名。至於鹽性沼澤和河口沼澤型的沿海濕地，較具規模的分區介紹如下：

圖8-11　墾丁龍鑾潭濕地：龍鑾潭是墾丁國家公園內的淡水濕地。（屏東‧墾丁）

圖8-12　花蓮的馬太鞍濕地：馬太鞍是花蓮縣境內維護良好的自然濕地。（花蓮‧馬太鞍）

圖8-13　臺東大坡池濕地：大波池是東臺灣重要的淡水濕地，但目前因人為整治而面臨嚴重干擾。（臺東‧池上）

（一）大臺北地區

　　大臺北地區主要的濕地分布在關渡、竹圍
（淡水河與基隆河匯流處之北岸到淡水河口一
帶，圖 8-14）、八里挖子尾（淡水河口南岸）、
華江橋（大漢溪與新店溪匯流處，圖 8-15）、
石牌立農濕地（基隆河南岸）等。主要植物族
群有水筆仔、蘆葦、茫茫鹹草等，是紅樹林與
草澤混合的河口型沼澤。

（二）宜蘭地區

　　宜蘭地區主要的濕地分布在蘭陽溪口（圖
8-16）、蘇澳無尾港、頭城竹安、利澤簡（冬
山河口南岸）等地。主要植物為蘆葦、水稻及
防風林，屬於河口草澤型之濕地。

（三）新竹地區

　　新竹地區主要的濕地分布在港南（客雅溪
口）。區域內有水田及魚塭，也是河口沼澤型
濕地。

（四）中彰地區

　　中彰地區主要的濕地分布在大肚溪口，境
內有魚塭、水田、潮間帶、海埔新生地及工業
區，兼具鹽性沼澤和河口沼澤的特性。

（五）嘉義地區

　　嘉義地區主要的濕地分布在北港溪口以
南、朴子溪口以北，面積最大的為鰲鼓濕地（圖
8-17），區域內有耕地、魚塭、防風林、潟湖、
草澤等，也是兼具河口及鹽性兩種特質的濕地。

圖8-14　關渡河口濕地：關渡地區是紅樹林
與草澤混合的河口形沼澤，由於近年來維護
工作落實，故有為數頗多的水鳥棲息其間。
（新北・關渡）

圖8-15　華江橋濕地：華江橋也是河口沼澤
形濕地，但附近的人為干擾極為嚴重。（臺
北・萬華）

圖8-16　蘭陽溪口濕地。蘭陽溪口是河口草
澤型濕地。（宜蘭・五結）

圖8-17　鰲鼓濕地：嘉義地區面積最大的濕地是鰲鼓濕地。（嘉義‧東石）

（六）臺南地區

　　臺南地區主要的濕地分布在曾文溪口、七股及四草一帶，除了魚塭、沙洲、潟湖、防風林之外，還有特殊的鹽田環境，大部分屬鹽性沼澤濕地（圖 8-18~ 圖 8-20）。

（七）高屏地區

　　高屏地區主要的濕地分布在高屏大橋以南到高屏溪林園出海口之間，除有少數耕地外，大多是沙洲、草澤，是河口型濕地。

圖8-18　曾文溪口：位於七股的曾文溪口，是一種河口型濕地，也是世界性保育鳥類黑面琵鷺度冬的棲息地。（臺南‧七股）

圖8-19　七股濕地：七股區濕地遍布著防風林和魚塭。（臺南‧七股）

圖8-20　四草濕地：臺南四草濕地上有草澤和紅樹林，是良好的水鳥棲息環境。（臺南・四草）

七、離島

臺灣本島四周環繞的離島，若自北開始順時鐘方向來看，分別有基隆市的彭佳嶼、棉花嶼、花瓶嶼（合稱為北方三島）、基隆嶼；宜蘭縣的龜山島、龜卵島、釣魚臺列嶼；臺東縣的綠島、蘭嶼、小蘭嶼；屏東縣的小琉球、七星岩以及澎湖縣所轄的 64 個大小島群。在地質構造上，除了小琉球為珊瑚礁、澎湖列島之花嶼為花崗岩外，其他都屬於海底火山噴發熔岩所冷卻之火山島嶼。以下就選擇幾個面積較大，或與本島之社會、經濟活動較密切，或在生態學上較為重要的離島分述如下：

（一）北方三島

位於富貴角正北方，最近的是花瓶嶼，中間是棉花嶼，最遠為彭佳嶼。

北方三島地處琉球島弧的最末端，都屬火山地形，總面積雖小，但因位於候鳥遷徙路線上，所以各類候鳥眾多，是臺灣北部唯一的海鳥繁殖地，彭佳嶼曾經為瀕臨絕種的短尾信天翁重要繁殖棲地，嗣後於 1935 年代因燈塔興建造成干擾以及當時日本人大量捕捉而造成短尾信天翁在島上絕跡。北方三島附近海域是鯨魚、海豚的活動範圍，島上無人定居，但因為是北部的重要漁場，所以有嚴重的人為干擾。

圖8-21　基隆嶼：基隆嶼在臺灣北端，目前正面臨人為干擾的威脅。（基隆・外木山）

（二）基隆嶼

基隆嶼距離基隆海岸僅 6 公里，是距離臺灣本島最近的離島，含潮汐地約只 26 公頃（圖 8-21）。由於島上缺乏水源，目前無人定居，是海鳥、候鳥的重要棲息據點，但由於基隆嶼海域是北臺灣有名的磯釣、船釣及近海漁業作業地點，所以也有嚴重的人為干擾。令人憂慮的是，最近基隆市政府已開放登島觀光，此舉是否會對該島生態造成不可回復的影響，目前難以評估。究竟人類是否必須為了滿足新鮮感或賺取微薄的商業利益，而犧牲所剩無幾的自然淨土，實在有待各界深思。

（三）龜山島

龜山島在宜蘭縣頭城鎮以東 9 公里的海面上，面積約僅 3 平方公里，但因為距離臺灣本島甚近，是北部濱海公路上的著名景觀（圖 8-22）。該島四周海岸頗具特色，幾乎都是斷崖地形，僅在龜尾處有一片長約 1 公里的礫灘，由於龜山島有硫氣孔、溫泉及地熱資源，所以四周海域溫度較高，是熱帶性魚類良好的棲息地。龜山島附近海底有火山裂隙，海水滲入受岩漿加熱噴發，因岩漿含高濃度的二氧化硫，而形成高溫、強酸且具高毒性硫化氫氣體的熱泉，造成特殊的海底熱泉生態系，大部分生物無法在熱泉區域生存，卻有一群具有獨特生理適應機制，在 2000 年才發表的新種—「烏龜怪方蟹」生存在這種特殊的環境中，是全球極為少見的生態體系。

陸地生物資源方面，龜山島東北側與西南邊坡有一千多株蒲葵，是臺灣地區唯一僅存的原生蒲葵林，由於人為干擾較少，也是海鳥及

候鳥的重要棲息地。不過，由於近來開放登島觀光，自 1975 年來因
政府遷村政策所形成的無居民狀況已經改變，所以該島現有的珍貴自
然風貌應如何維護，是一個必須同時因應的重要課題。

圖8-22　龜山島。
　　　　(a) 龜山島位於宜蘭縣頭城鎮以東外海，周圍是重要的近海魚場。（宜蘭・大溪）
　　　　(b) 龜山島的海底熱泉。（龜山島）

（四）綠島

　　綠島位於臺東市東南東方 33 公里處，原名火燒島，面積約僅 17
平方公里。由於先民開墾至今已 180 多年，原始林地幾已砍伐殆盡，
所以野生動物非常少見，但是海岸多變的海蝕地形與珊瑚礁景觀，是
該島最具潛力的自然生態資源。更值得一提的是，位在該島滾水坪珊
瑚礁中的「朝日溫泉」，是全世界少數的海底溫泉之一，極具教育、
研究及觀光價值。

（五）蘭嶼

　　蘭嶼也在臺東縣外海，距離北邊的綠島約 80 公里，原名紅頭嶼，
約有 46 平方公里的陸地面積。自然環境方面，因為四周海域清澈，
海水溫度合宜，是各種珊瑚、魚類的最佳生長場所；陸地上因為開發
較晚，天然林相大多還保存原貌，所以野生動物也較多，這是蘭嶼不
同於其他離島的重要特色。

　　除了自然環境外，蘭嶼另一項重要的資產是達悟族的原住民文
化。在日據時代，蘭嶼甚至被列為人類學的研究區，嚴禁任何文明開

發行為，所以達悟族人至今仍然保留許多與自然界共存共榮的生活方式。但近來由於政府致力改善原住民生活，以及大量觀光人潮帶來的文明衝擊，蘭嶼達悟族的傳統文化特色和其獨特的自然景觀一樣，都面臨嚴重的挑戰。

（六）小琉球

小琉球位於屏東縣東港鎮西南方十餘公里處，面積僅 7 平方公里，是離島中唯一的珊瑚礁島嶼。由於海蝕作用旺盛，海崖、海蝕溝、海蝕洞等隨處可見，例如烏鬼洞、龍蝦洞、山豬溝、倩女臺等，都變成島上重要的觀光資源。陸地環境因為少雨、多鹽，所以幾乎沒有原始林，野生動物也極為罕見，但四周海域是珊瑚礁良好的生長環境，所以漁業資源相當豐富。小琉球海域為臺灣除了澎湖望安島外，極為重要的保育類綠蠵龜之生育地，2022 年有多達 8 隻綠蠵龜產下 15 窩卵，鄰近海域則有多達 200 隻海龜棲息，是綠蠵龜重要的生存棲地，近年因觀光推廣，小琉球遊客激增，造成島上資源窘迫，並可能因潛水等遊憩行為對綠蠵龜造成干擾，日後在觀光發展與生態環境保育上，必須加強規劃以達到雙贏之目的。

（七）澎湖列島

澎湖列島位於臺灣西南方的嘉義、雲林外海，總共由 64 個大小島嶼組成，與臺灣最短距離只有 43 公里。面積較大、人口較多的島嶼有澎湖島、白沙島、漁翁島、望安島、將軍澳、七美嶼等。但因島上鹽分高、季風強、雨量少，所以地下水有限，土地貧瘠，農耕困難，野生動物也不多，居民大部分以漁業維生（圖 8-23）。澎湖群島因位處臺灣海峽中間位置，成為許多候鳥南遷北返的重要休息站，例如吉貝嶼雖只是一個面積 3.1 平方公里的小島，卻是春季過境鳥重要的棲息地，已有100 餘種的鳥類紀錄，此外澎湖許多無人島亦是夏季燕鷗科鳥類的重要繁殖處所，例如貓嶼就為了保育其上繁殖的燕鷗而劃設為保護區，而全球僅剩約 100 隻的神話之鳥—黑嘴端鳳頭燕鷗，也在 2012 年首度出現在澎湖雞善嶼，近年並有繁殖紀錄，讓澎湖成為這種極度瀕危的燕鷗全球 5 處生育地之一，足見澎湖群島在生態上之重要性。

圖8-23　澎湖列島：澎湖島上鹽分高、季風強、雨量少，土地貧瘠又缺地下水源，所以農耕困難。（澎湖本島）

8-3 臺灣的林相

　　森林具有涵養水源、調節氣候、安定土壤、提供野生動物棲息地等功能，在生態上極為重要。

　　臺灣位於熱帶和亞熱帶之間，氣候高溫濕潤，適合植被生長，所以植物種類繁多，且由於境內超過 3,000 公尺的高山有兩百多座，所以在不同的海拔高度，有各種不同型態的森林存在，其主要林相與分布敘述如下：

一、熱帶雨林

　　熱帶雨林需要高溫、多雨、濕潤的氣候條件，在臺灣只分布在少數海拔 900 公尺以下的無霜地區，但由於這些區域多數已被開發，所以原始林地殘存不多，目前林相尚稱完整的，以墾丁國家公園內的珊瑚礁海岸林為首，林中的植物主要是藉由海流擴散的樹種，如欖仁、蓮葉桐、棋盤腳等熱帶闊葉樹，當它們與內陸的熱帶雨林交錯生長時，就形成墾丁國家公園的特殊雨林景觀（圖 8-24）。

圖8-24 墾丁熱帶雨林：墾丁是臺灣少數熱帶雨林的分布區之一，其特徵是樹種複雜，層間植物旺盛。（恆春·墾丁）

圖8-25 亞熱帶常綠闊葉林：亞熱帶常綠闊葉林又有「樟櫟林」之稱，另有多種伴生樹種。（宜蘭·南澳）

二、亞熱帶常綠闊葉林

　　亞熱帶常綠闊葉林分布在北臺灣海拔 700~2,100 公尺以及南部海拔 900~2,300 公尺之間土層深厚、濕度中庸的平緩坡地，組成樹種相當複雜，主要是樟科、殼斗科、山毛櫸科、多種常綠闊葉樹及少數落葉樹，有時像紅檜這類適應力強的針葉樹，也會混生在常綠闊葉林之間（圖 8-25）。

三、高山針葉林

　　海拔 2,500 公尺以上到 3,600 公尺之間的山地，是高山針葉林的分布區域。臺灣的針葉林樹種，略有依高度分層的現象，分布在最高處的有臺灣冷杉及香柏；次高的是臺灣雲杉及鐵杉；再向下則是由紅檜、臺灣扁柏、帝杉、香杉、臺灣杉、肖楠等共同構成（圖 8-26）。

圖8-26　高山針葉林：臺灣海拔2,500公尺以上到3,600公尺之間的山地，是高山針葉林的分布區域。（中橫‧合歡山）

四、高山草原

　　超過海拔 3,600 公尺「林木界線」以上的區域，在生態上即轉變成高山草原。所謂「林木界線」，指的是森林分布的最高緯度或最高高度，超過此界線的地方通常因為氣溫太低，只有矮灌木或箭竹、高山芒等草本植物生長（圖 8-27）。

圖8-27　高山草原。

(a) 林木界線：「林木界線」指的是森林分布的最高高度，界線以下是北方針葉林，界線以上則為高山草原。（中橫‧合歡山）

(b) 高山草原：林木界線以上的地方因為氣溫太低，只有矮灌木或箭竹、高山芒等草本植物形成高山草原。（中橫‧合歡山）

環境生態學
Environmental Ecology

8-4 臺灣的動物

就生物地理學的角度來看，臺灣自第四紀冰河消退後就以臺灣海峽和歐亞大陸分隔，島上的動物經過約一萬年的隔離演化，形成許多特有種和特有亞種，這些珍貴的自然資源，不僅在生態學上具有重要意義，對臺灣的經濟、文化、藝術方面也有深遠的影響。

一、哺乳類

臺灣山系發達，植被廣闊，且高山環境包含熱帶、亞熱帶、溫帶、亞寒帶等不同氣候條件，所以陸地面積雖然不大，但物種卻相當繁多。

圖8-28　臺灣的哺乳類。
(a) 特有種：臺灣獼猴。　(b) 特有種：長鬃山羊（臺灣野山羊）。
(b) 特有亞種：山羌。　　(d) 特有亞種：臺灣黑熊。

　　依據中央研究院臺灣物種名錄網 TaiBNET 統計資料，臺灣已發現的陸域野生哺乳類有 88 種，其中特有種及特有亞種共 54 種，最知名的前者如臺灣獼猴、長鬃山羊（1993 年分類地位更動，正名為臺灣野山羊）、臺灣長耳蝠等；後者如臺灣臺灣黑熊、臺灣野豬、山羌、梅花鹿、水鹿、穿山甲等。但因為臺灣地小人稠，許多土地都面臨人為開發的壓力，絕大多數野生動物的棲息地都難逃過度干擾甚至嚴重破壞的噩運；再者，臺灣早期缺乏生態保育的觀念，經濟性的獵捕及後來恣意的濫殺，造成各種哺乳動物族群急遽萎縮，例如臺灣雲豹這種珍貴野生動物，雖然在 2017 年國際自然保護聯盟 (IUCN) 貓科專家群所出版的貓科動物分類專刊中，認定亞洲雲豹為單型種，臺灣雲豹與之為同種，並非臺灣特有亞種，但身為臺灣山林最大型的貓科動物，位居食物鏈的頂端，在臺灣森林生態系的健全方面具有極為重要的指標意義，經過學者長達近 20 年，設置上千處的自動照相機調查，仍未能發現臺灣雲豹的蹤跡，2013 年的學術報告亦認為臺灣雲豹可能已在臺灣山林絕跡（圖 8-28）。

二、鳥類

　　依據社團法人中華民國野鳥學會下屬之臺灣鳥類名錄委員會 2020 年公告之臺灣鳥類名錄，臺灣已發現的各種鳥類有 86 科 674 種，其中特有種和特有亞種計 84 種，2022 年將再新增 2 種特有種，特有鳥類將達 86 種，前者如臺灣藍鵲、藍腹鷴、冠羽畫眉、烏頭翁等；後者如大冠鷲、棕背伯勞、大卷尾、五色鳥、紅嘴黑鵯、白頭翁等均是。

　　除了人為飼養的「逸鳥」之外，野生鳥類可分為留鳥、候鳥與迷鳥三大類，其中候鳥又分為冬候鳥、夏候鳥及過境鳥三種。由於臺灣位於太平洋西岸鳥類東亞澳遷徙線 (East Asian-Australasian Flyway) 上的中間位置，是候鳥南來北往的重要據點，所以每逢春秋兩季移棲時節，都有為數可觀的候鳥成群遷徙。例如黑面琵鷺是臺灣最有名的冬候鳥；紅尾伯勞、灰面鵟鷹在春、秋二季大量過境，但也有少數在臺

灣停留過冬的。夏候鳥秋冬時在南洋過冬，夏天來臺灣繁殖，如家燕和八色鳥。至於迷鳥則是在遷徙途中因受暴風雨或其他因素所影響，在不該出現的季節或地方出現的鳥類。

圖8-29　臺灣的鳥類。

(a) 特有種：烏頭翁。　　(b) 特有亞種：白頭翁。

(c) 特有亞種：大冠鷲。　　(d) 特有亞種：五色鳥。

　　臺灣的野鳥同樣面臨人為干擾和獵殺的威脅，例如獵殺黑面琵鷺與灰面鵟鷹，就遭到國際間同聲譴責，此外鳥類面臨的最大危機來自於棲息地的破壞，例如沿海濕地遭到破壞或風機、光電板等綠能開發占據候鳥棲息所需的空間，都會造成鳥類生存上的重大威脅，所幸最近鳥類保育團體的努力有成，野鳥族群在各界共同維護下，略有生機再現的傾向（圖8-29）。

三、爬蟲類

　　過去臺灣對爬蟲類的研究都偏重在蛇類的經濟利用方面，實際的生態資料目前還在積極建立當中。依據中央研究院臺灣物種名錄網TaiBNET資料，臺灣的陸生爬蟲可分為龜鱉目、有鱗目二大類，總計為132種，其中蛇類最多，蜥蜴次之，龜鱉類最少。目前已確定的特有種和特有亞種計29種，前者較知名的如菊池氏龜殼花、臺灣草蜥、斯文豪氏攀蜥（圖8-30）、蘭嶼守宮等；後者如阿里山龜殼花。

圖8-30　臺灣特有種的爬蟲類：斯文豪氏攀蜥。

四、兩棲類

　　臺灣高溫多雨的亞熱帶氣候，很適合兩棲類生存繁衍，目前已發現的兩棲類計有 38 種，分屬山椒魚科、叉舌蛙科、赤蛙科、狹口蛙科、樹蛙科、樹蟾科、蟾蜍科，其中特有種計 20 種。分別是臺灣山椒魚、楚南氏山椒魚、臺北樹蛙、翡翠樹蛙、面天樹蛙、諸羅樹蛙、莫氏樹蛙、橙腹樹蛙、褐樹蛙、盤古蟾蜍等（圖 8-31）。

　　臺灣原生兩棲類由於棲地減縮，再加上水源汙染等問題，族群數量正日漸減少當中，情況嚴重的像五種山椒魚、臺北樹蛙、翡翠樹蛙等，都已列為保育類加以保護。

圖8-31　臺灣的兩棲類。

(a) 特有種：臺北樹蛙。　　(b) 特有種：面天樹蛙。

(c) 特有種：盤古蟾蜍。　　(d) 原生種：布氏樹蛙。

五、淡水魚類

臺灣河川中的魚類，如果總括純淡水魚類、半淡鹹水魚類及洄游性魚類，估計約有 165 種，其中有 34 種為特有種或特有亞種，以有限的河川面積而言，品種可算相當豐富。但遺憾的是，由於近 30 年來人口增加及產業發展的結果，河川受到開發、建壩、濫墾等人為破壞，再加上水源汙染、濫捕、外來種移入等因素，某些魚類已面臨生死存亡的威脅，像銳頭銀魚、大鱗細鯿等 2 種魚類，目前已確定完全在本島失去蹤影，另有 18 種處於瀕危狀態，現存列為保育對象的則有櫻花鉤吻鮭、巴氏銀鮈、飯島氏銀鮈、臺東間爬岩鰍、臺灣副細鯽、埔里中華爬岩鰍、南臺中華爬岩鰍、臺灣梅氏鯿、大鱗梅氏鯿、臺灣鮰等 10 種（圖 8-32）。

圖8-32　臺灣的保育類淡水魚：巴氏銀鮈。

六、昆蟲

昆蟲在動物界中一向居於優勢地位，再加上臺灣的自然環境複雜多變，生存其間的昆蟲種類也就特別繁多，但以往臺灣對昆蟲的研究，多偏重在流行病及病蟲害防治方面，近來才有從生態著眼的研究慢慢被重視。據估計，臺灣及周邊離島上已命名的昆蟲超過 17,000 種，其中以鞘翅目的甲蟲類數量最多，鱗翅目的蛾、蝶次之。

臺灣的蝴蝶在世界享有盛名，有一度曾號稱為「蝴蝶王國」，現存的蝴蝶種類約有 418 種，其中特有種或特有亞種約 50 種，像臺灣麝香鳳蝶、寬尾鳳蝶、珠光鳳蝶等即是。但與其他動物的際遇相似，在臺灣的蝴蝶也因環境改變及人為濫捕而正逐漸減少中，有些甚至已到了必須特別加以保育的地步，列名保育類的蝴蝶有寬尾鳳蝶、珠光鳳蝶、黃裳鳳蝶、大紫蛺蝶及曙鳳蝶等 5 種。

七、軟體動物

生存在臺灣陸地上的軟體動物，主要是蝸牛和淡水貝兩大類，目前已知的蝸牛大概有 210 種，淡水貝約 50 種。目前雖知臺灣這兩種軟體動物，大體上和華南、琉球群島、菲律賓群島都有些地緣關係，但因為研究資料較少，缺乏足供比對的資料，所以究竟有多少是臺灣特有種，目前尚未確知。

 8-5 臺灣的國家公園

自從美國於 1872 年將黃石公園規劃為全世界第一個國家公園後，國家公園在自然生態保育上的功能就一直被寄予厚望。一般認為，國家公園具有保存自然景觀、維護野生動植物資源、保留人文史蹟，甚至提供教學、研究、休憩等功能。在這樣的期望下，臺灣自民國 71年首先於墾丁設立第一座國家公園，之後還有玉山、陽明山、太魯閣、雪霸、金門、東沙環礁、台江、澎湖南方四島國家公園相繼成立。

一、墾丁國家公園

（一）成立時間

民國 73 年 1 月 1 日。

（二）地理位置

位於恆春半島，東瀕太平洋，西面臺灣海峽，南臨巴士海峽，陸地面積 18,084 公頃，海域面積 15,185 公頃。

（三）自然資源

有發達的珊瑚礁地形，也有草原、湖泊、砂丘、礫灘、岩岸、石灰岩洞等景觀。其中名為「砂島」的沙灘是由「貝殼沙」所形成，在生態上極具意義（專題8A），而每年東北季風盛行時期的「落山風」更與當地人文息息相關。

生物資源方面，墾丁海域所蘊育的珊瑚、藻類、魚貝類種類繁多，陸地上的海岸林與熱帶雨林相接，構成獨特的植物林相。野生動物有臺灣獼猴、山羌、白鼻心、百步蛇和其他多種爬蟲類和兩棲類。另外，境內的龍鑾潭是南臺灣主要的淡水濕地，有數量豐富的水禽和候鳥，且每年秋季有大量南遷的紅尾伯勞、灰面鷲過境恆春半島，形成當地獨特的自然景觀。

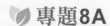

專題8A

珍貴的砂島

「砂島」是墾丁國家公園內的一處生態保護區，位於墾丁往鵝鑾鼻燈塔的臺二十六號省道外側。這座沙灘的珍貴在於它的沙子和一般海灘有極大的差別，因為那是由顆粒圓潤晶瑩的貝殼沙所形成。

所謂「貝殼沙」，它有別於一般海蝕作用所形成的沙粒，而是由多種生物碎屑所組成，包括珊瑚、貝殼的大小碎片和有孔蟲的殼體。有人估算砂島貝殼沙中生物碎屑的比例超過90％，是一種世界級的生態景觀資源。

仔細欣賞貝殼沙時可以發現，各種沙粒中有一種表面光滑、晶瑩剔透的圓形顆粒，那就是有孔蟲的殼體，如果把它放在顯微鏡下觀察，每顆殼體都會透出放射狀的紋路，而且各自不同，可以讓人實際領會「一沙一世界」的意境。

有孔蟲是一種隨著黑潮暖流而來的浮游生物，當它死亡後，殼體就隨著海流沉積在砂島外海以及貓鼻頭東南方5海浬處。這些殼體必須經過潮水長時間的沖刷、研磨，才會變得如此晶瑩剔透，而要由這些有孔蟲殼體和珊瑚、貝殼碎屑共

同堆積成一座沙灘，所需的時間可能長達千萬年，因此即使將「砂島」稱為國寶級的生態景觀也不為過。

　　墾丁國家公園為阻止人為盜採破壞這座珍貴的生態資源，目前已用圍籬將它與一般的觀光區隔離，但為兼顧生態教育功能，保護區外緣設有一座「貝殼沙展示館」，館內有提供展示並讓遊客觸摸的貝殼沙，也備有放大鏡和顯微鏡讓參觀民眾就地觀察。所以下次再到墾丁，路過這裡時，千萬別錯過這個地球上難得一見的美景。

圖8A-1　砂島保護區內潔白的貝殼沙灘。

圖8A-2　在顯微鏡下觀察的有孔蟲殼體。

（四）重要景點

　　墾丁境內的景點甚多，屬海岸景觀的有白砂、貓鼻頭、南灣、砂島、鵝鑾鼻公園、佳樂水；特殊生態景觀的有風吹沙、熱帶海岸林、出火、社頂公園；賞鳥據點有里德和龍鑾潭。另外，墾丁森林遊樂區、墾丁牧場、海博館以及仿閩南建築風格的墾丁青年活動中心等，都是兼具生態教育和生態旅遊雙重功能的重要景點（圖 8-33）。

圖8-33　墾丁國家公園的景觀。
(a) 裙礁海岸：海水侵蝕珊瑚礁形成並列的海蝕溝，狀如大地的裙擺，是墾丁著名的「裙礁海岸」。（墾丁・貓鼻頭）
(b) 風吹沙：強勁的季風把海灘的沙子吹向陸地，是墾丁國家公園著名的風吹沙景觀。（墾丁・風吹沙）
(c) 出火：恆春出火是多噴氣孔的特殊火山口景觀。（恆春・出火）

二、玉山國家公園

（一）成立時間

民國 74 年 4 月 10 日。

（二）地理位置

位於玉山主峰周圍，東接臺東縱谷，西鄰阿里山山脈，面積 105,490 公頃，地跨花蓮、高雄、南投、嘉義四縣。

（三）自然資源

玉山國家公園內的山地，由海拔 300 公尺陡升到 3,952 公尺的玉山主峰，所以植被上從亞熱帶闊葉林到針葉林、高山草原都有，其間代表性的植物如玉山圓柏、冷杉、檜木等均是。動物資源方面，鼎鼎大名的臺灣黑熊、臺灣獼猴、帝雉、藍腹鷴、山椒魚、長鬃山羊（臺灣野山羊）等都可在境內發現。另外，穿越公園的八通關古道是先民拓墾臺灣的歷史遺跡，原住民的布農族藝術則是當地重要的文化資產。

（四）重要景點

新中橫公路本來有貫穿全區的計畫，但環保團體認為大量的車流、人潮勢必會干擾且破壞玉山國家公園的生態，固強烈建議停止這項築路計畫。因此，現在的玉山國家公園公路可以到達的部分，分為東邊的南安─瓦米拉區、西南邊的梅山─啞口區，以及西北邊的塔塔加區等三處。主要景點如南安瀑布、山風瀑布、塔塔加鞍部、鹿林山、東埔溫泉、梅山布農文化展示中心、啞口、天池、玉山各峰等（圖 8-34）。

三、陽明山國家公園

（一）成立時間

民國 74 年 9 月 16 日。

圖8-34　玉山國家公園景觀。
　　　　(a) 玉山草原：高山草原是玉山國家公園內重要的生態景觀。（南橫·天池）
　　　　(b) 玉山天池：天池是玉山國家公園內的高山湖泊。（南橫·天池）
　　　　(c) 南安瀑布：玉山國家公園境內的南安瀑布。（花蓮·南安）

（二）地理位置

　　陽明山國家公園位於臺北盆地與富貴角之間，以大屯山系為主要
範圍，東起礦嘴山、五指山東側，西至向天山、面天山西麓，北迄竹
子山，南達紗帽山南麓，面積約 11,455 公頃。地跨臺北市士林、北投
及新北市淡水、三芝、石門、金山、萬里等地區。

（三）自然資源

　　陽明山國家公園以大屯火山群為主體，境內的硫氣孔、地熱、溫
泉、火口湖等火山地質景觀，是主要的自然資源。植被包含亞熱帶闊
葉林、草原及水生植物群落，紅楠、大葉楠是闊葉林的優勢族群；包
籜矢竹（箭竹）和白背芒是陽明山草原的主要物種；水生植物以火口

沼澤地、貯水池為主要分佈區,其中最著名的臺灣水韭即生長在境內的夢幻湖中。動物資源方面,有臺灣獼猴、臺灣野兔、赤腹松鼠、穿山甲棲息其間,而種類繁多的蝴蝶和鳥類是陽明山的一大特色,最知名的如臺灣藍鵲、青斑蝶即是。

（四）重要景點

大多數參觀陽明山國家公園的遊客,都只到達前山的陽明公園,實際上,更多火山地質所形成的生態景觀是在後山的範圍內,例如小油坑、牛奶湖、竹子湖、夢幻湖、擎天崗、大屯自然公園、冷水坑等均是(圖8-35)。

圖8-35 陽明山國家公園景觀。

(a) 小油坑:小油坑區域的硫磺氣噴氣口。(陽明山·小油坑)

(b) 牛奶湖:陽明山國家公園內冷水坑景點有一湖泊,因池底噴出的硫磺氣在水中游離成硫磺顆粒而呈現白色,故有牛奶湖之稱。(陽明山·冷水坑)

(c) 大屯自然公園:陽明山國家公園內的大屯自然公園是重要的景點,但池中生態遭無知的放生行為嚴重破壞。(陽明山·大屯自然公園)

四、太魯閣國家公園

（一）成立時間

民國 75 年 11 月 28 日。

（二）地理位置

太魯閣國家公園東瀕太平洋，西接雪山山脈，南至木瓜溪，北抵南湖山稜線，地跨花蓮、臺中及南投三縣。範圍內以立霧溪峽谷、東西橫貫公路沿線和周邊山區為主，總面積 92,000 多公頃。

（三）自然資源

境內包括合歡群峰、奇萊連峰、南湖中央尖山連峰、清水斷崖和立霧溪、三棧溪流域等，其中立霧溪及其支流強力的侵蝕切割造成的峽谷景觀舉世著名。由於地形上從海平面陡升到 3,500 公尺以上，所以包含亞熱帶到寒原的各種林相，生長其間的維管束植物超過一千種，玉山圓柏、冷杉、鐵杉、雲杉、檜木等都為數可觀。重要的動物資源有山椒魚、長鬃山羊、華南鼬鼠（黃鼠狼）、帝雉、藍腹鷴等，而當地太魯閣族及泰雅族的文化與藝術，是珍貴的人文資產。

（四）重要景點

境內立霧溪切割出來的太魯閣峽谷以及清水斷崖舉世聞名，布洛灣的環流丘與階地也是地理學上的良好教材。重要景點則有長春祠、燕子口、九曲洞、天祥、白楊瀑布、文山溫泉、蓮花池等（圖 8-36）。

圖8-36　太魯閣國家公園景觀。

(a) 清水斷崖：舉世聞名的清水斷崖位在太魯閣國家公園境內的蘇花公路上。（中橫‧清水）

(b) 橫貫公路東側入口：位於太魯閣國家公園境內的橫貫公路東側入口是遊客必經的景點。（花蓮‧太魯閣）

(c) 太魯閣峽谷：由立霧溪切割大理岩所形成的壯觀峽谷，是太魯閣國家公園的國際級景觀。（中橫‧燕子口）

五、雪霸國家公園

（一）成立時間

民國 81 年 7 月 1 日。

（二）地理位置

以雪山山脈為中心，跨越新竹、苗栗、臺中三縣市交界處的五峰鄉、尖石鄉、泰安鄉、和平區等，總面積 76,850 公頃。

（三）自然資源

境內高山地形因受大甲溪、大安溪與大漢溪的切割，形成峽谷、峭壁、河階、環流丘、沖積扇等特殊地形。原始的高山林相中，有維管束植物 1,103 種，稀有植物 61 種，其中翠池附近的玉山圓柏，觀霧地區的冰河時期孑遺植物—臺灣檫樹，都是雪霸國家公園珍貴的植物資源。動物方面，已發現有 32 種哺乳類動物，97 種鳥類，及各種兩棲類、淡水魚和昆蟲，其中包含臺灣黑熊、石虎、帝雉、藍腹鷴、寬尾鳳蝶等珍稀品種，而最有名的古代孑遺魚類—櫻花鉤吻鮭即生存在境內的七家灣溪河域，目前該區域已劃定為「櫻花鉤吻鮭復育保護區」，正積極進行重要的復育工作。

（四）重要景點

雪霸國家公園分為觀霧遊憩區、武陵遊憩區及規劃中的雪見遊憩區，知名景點有武陵農場、觀霧瀑布、檜山巨木森林步道、柳杉林樹海、大鹿林道等。

六、金門國家公園

（一）成立時間

民國 84 年 10 月 18 日。

（二）地理位置

金門國家公園位於福建省東南方的廈門灣內，與臺灣島相距 150 海浬，西與廈門島相鄰，規劃面積總計 3,780 公頃。

（三）自然資源

　　六座國家公園中，金門國家公園具有最高的人文、歷史價值，境內除戰爭史蹟外，先人拓殖的住宅、文物、古蹟等都極具保存和研究價值。自然環境方面，花崗片麻岩是主要的地質景觀，主要林相是熱帶闊葉林，樹種有樟樹、楝樹、榕樹；海岸防風林有潺槁樹、朴樹；人工造林則以木麻黃和相思樹為主。動物方面，水獺、鱟及金門紋眼蛺蝶是本區較特殊的動物資源，並且因為地處候鳥移棲的中繼站，所以鳥類資源相當豐富。

（四）重要景點

　　金門國家公園以維護歷史文化資產為目的，知名度較高的景點有古寧頭戰史館、北山古厝、民俗文化村、海印寺、太武山、烈女廟等，另外遍布全島的「風獅爺」現存 53 尊，是當地多風的自然特性所形成的特殊人文景觀（圖 8-37）。

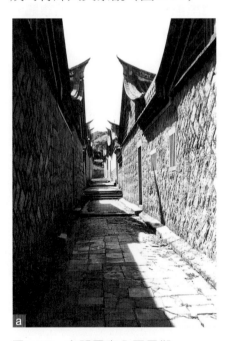 

圖3-37　金門國家公園景觀。
　　(a) 金門民俗文化村：位於山后的民俗文化村是金門國家公園內具有閩式建築之美的文化資產。（金門國家公園）
　　(b) 風獅爺：金門地區多風，早期當地老百姓以風獅爺來祈求鎮風避邪，是一種頗為特殊的人文景觀。

七、東沙環礁國家公園

（一）成立時間

民國 96 年 1 月 17 日成立。

（二）地理位置

位於南海的東沙島與其環礁，四面環海，環礁西側為東沙島，中間包圍海水成為一個內海。總面積達 353,667.95 公頃，是目前臺灣總面積最大的國家公園。

（三）自然資源

東沙島附近在動物方面擁有珊瑚、甲殼類動物、棘皮動物、軟體動物等無脊椎動物，以及魚類；植物方面擁有豐富的熱帶性海藻；動物方面多為稀有品種。

（四）重要景點

東沙群島曾經為戰爭要地，具有戰地色彩，擁有許多人文古蹟，如：東沙遺址、南海屏障碑、漢疆唐土碑、東沙島島碑、東沙精神堡壘、東沙地籍測量紀念碑等。

八、台江國家公園

（一）成立時間

民國 98 年 12 月 28 日成立。

（二）地理位置

北以青山漁港南堤；南至鹽水溪南岸安平堤防；東以沿七股潟湖、青草崙堤防、曾文溪－鹽水溪沿海防風林之公有地；西至各沿海沙洲，總面積計 39,310 公頃。

（三）自然資源

　　台江國家公園的資源種類繁多，陸地上包含鳥類、哺乳類、兩棲爬蟲類、陸棲無脊椎動物、植物資源等；海域範圍則有螃蟹、鯨豚、魚類、螺貝類，以及 102 年發現的世界新種－台江擬虎。

（四）重要景點

　　台江國家公園範圍廣闊，景點甚多，如：黑面琵鷺生態保護區、安順鹽場、四草砲臺（國定古蹟）、七股潟湖、海堡、四草紅樹林保護區（竹筏港水道）…等。

九、澎湖南方四島國家公園

（一）成立時間

　　民國 103 年 6 月 8 日正式成立。

（二）地理位置

　　範圍以澎湖縣的東吉嶼、西吉嶼、東嶼坪嶼、西嶼坪嶼等四島及周邊島礁與海域，分別以東吉嶼向東、頭巾向北及向西與鐘仔向南各 2 浬為邊界，全區面積 35,843.62 公頃。

（三）自然資源

　　擁有豐富的海、陸域生物資源，以及玄武岩地景和人文歷史文化，如：2008 年已成立澎湖南海玄武岩自然保留區。

 ## 8-6　臺灣的自然保留區

　　臺灣的自然保留區是依據民國 71 年「文化資產保存法」所劃定的保護區域，其保護對象涵蓋稀有動植物生育棲地、代表性生態系統、特殊地形、地質景觀等。經公告設立的保留區內禁止發展遊憩及建設，也不得採集標本並不准移入外來種，是僅供學術研究的嚴密保護場所。

自民國 75 年起，臺灣及周邊離島共劃定自然保留區有 23 處，其設立位置及保育或保護對象簡述如下：

一、淡水河紅樹林自然保留區

民國 75 年 6 月 27 日成立，位於新北市竹圍到淡水河口之間的淡水河北岸，離淡水河出海口約 5 公里，主要保育對象是本島面積最大的水筆仔純林，常見的伴生動物有招潮蟹、彈塗魚，以及種類繁多的水鳥，常見的有小白鷺、牛背鷺和夜鷺等（圖 8-38）。

圖8-38　淡水紅樹林自然保留區的常見生物。

(a) 水筆仔：淡水的紅樹林是由水筆仔純林所構成。（新北‧淡水）

(b) 招潮蟹：紅樹林底層大量有機質，提供招潮蟹良好的食源與棲所。（新北‧淡水）

(c) 彈塗魚：彈塗魚是廣泛活躍在紅樹林底層的小型魚類。（新北‧關渡）

二、挖子尾自然保留區

民國 83 年 1 月 10 日成立，位於新北市渡船頭到八里之間的淡水河南岸，主要保育對象也是紅樹林及其伴生動物。候鳥族群中有一種唐白鷺，是國際自然保育聯盟認定的瀕臨滅絕種鳥類，但近來因為當地環境改變有逐漸減少的趨向。

三、關渡自然保留區

民國 75 年 6 月 27 日成立，位於新北市基隆河與淡水河的匯流處，距淡水河出海口約 10 公里。關渡堤防外的沼澤區，是一個具有豐富生物資源的濕地生態系，主要保育對象是胎生植物水筆仔，以及茫茫鹹草、蘆葦等。動物方面，常見的有招潮蟹、彈塗魚，秋冬季節則有數量龐大的候鳥在此度冬，記錄到的鳥類約有 200 種，是北臺灣最具盛名的賞鳥區。

民國 110 年 12 月 20 日公告廢止，原因為區內原欲保存的草澤景觀及生態，經過多年自然演替已逐漸成為紅樹林林澤狀態，紅樹林已占總面積約 66.7%，且紅樹林不利於原先所保護的鷸科、鴴科及雁鴨科等水鳥棲息，失去原先成立的目的，如持續以自然保留區管理，無法調節紅樹林生長，將難以達成營造候鳥棲地之目標，因此由臺北市政府提案廢止「關渡自然保留區」。是臺灣第一個廢止的自然保留區，廢止後，因本區亦屬內政部依「濕地保育法」公告之「淡水河流域重要濕地（國家級）」範圍，仍依據「濕地保育法」進行棲地保育及管理，並不會造成生態上的不良影響。

四、坪林臺灣油杉自然保留區

民國 75 年 6 月 27 日成立，位於新北市坪林山區，海拔高度約 300~600mm，保育對象為臺灣油杉。臺灣油杉為松科常綠喬木，是臺灣的特有種，也是冰河子遺植物，在保留區內約有 400 多株，但幼苗新株都很少，更新狀況不良，有絕種之虞。

五、插天山自然保留區

民國 81 年 3 月 12 日成立，位跨新北市烏來區、三峽區與桃園市復興區，屬雪山山脈北支山區，以拉拉山為中心，是石門水庫和翡翠水庫的主要集水區。主要保育對象是臺灣山毛櫸及境內完整的林相。

臺灣山毛櫸又名臺灣水青岡，分類上屬殼斗科水青岡屬，是一種

落葉大喬木，在本區形成大面積純林，大多生長在稜線附近，但因為結實率偏低，種子又不易發芽，所以必須特別保護。

六、哈盆自然保留區

民國 75 年 6 月 27 日成立，本區位於新北市烏來區及宜蘭縣員山鄉之間，屬福山試驗林區域。主要保育對象是境內典型的天然闊葉林生態系統，有極為豐富的闊葉木、淡水魚、山鳥、昆蟲等生物資源，其中較珍貴甚至稀有的物種如臺灣獼猴、穿山甲、白鼻心、食蟹、山羌、莫氏樹蛙、褐樹蛙、臺北樹蛙、翡翠樹蛙、臺灣鏟頜魚、臺灣馬口魚等。

七、鴛鴦湖自然保留區

民國 75 年 6 月 27 日成立，本區的位置跨越新竹、桃園、宜蘭縣界，以鴛鴦湖及其周邊林地為範圍，保育對象是高山淡水湖泊的濕地生態。鴛鴦湖名稱的由來，是早期調查中曾經發現有鴛鴦，但近年來則沒有出現記錄，至於其他鳥類資源還算豐富，也不乏珍稀品種，如褐林鴞、鵂鶹、黃嘴角鴞即是。

境內植物可區分為湖中水生植物、沼澤濕生植物以及岸邊中生植物三種群落。其中的東亞黑三稜是臺灣稀有植物之一，是一種多年生草本水生植物，現存數量稀少，多生長在湖邊濕地上。周邊林地的植物主要有紅檜、鐵杉、五葉松和大面積之扁柏，其中樹齡有超過千年以上的。

八、烏石鼻海岸自然保留區

民國 83 年 1 月 10 日成立，烏石鼻位於宜蘭縣南澳鄉凸出於太平洋上的一個岬角，這裡與墾丁高位珊瑚礁原始森林兩地，是臺灣較特殊的海岸林生態。但不同的是，墾丁屬熱帶雨林、烏石鼻則是溫帶常綠闊葉林（圖 8-39）。

圖3-39　烏石鼻：海灣對岸向太平洋凸出的岬角即是烏石鼻
保留區。（宜蘭‧南澳）

　　烏石鼻海岸林主要的樹種，濱海區有蘆竹、琉球澤蘭；稜線上有二葉松、相思樹；溪谷潮濕區有稜果榕、大葉楠、筆筒樹；遠離海岸的山坡上則有蓊閉性甚佳的紅楠、九芎、烏心石等組成茂盛的闊葉林，其間有甚多的爬藤及蕨類植物。動物族群方面：較重要的哺乳類有臺灣獼猴、赤腹松鼠；鳥類有大冠鷲、林鵰；爬蟲類有眼鏡蛇、龜殼花、雨傘節，另外有為數眾多的蝶類。

九、南澳闊葉林自然保留區

　　民國81年3月12日成立，位於宜蘭縣南澳鄉，以神祕湖為中心，四周的稜線為界，高度約海拔1,000~1,500m。本區的特色是正處於濕生演替的末期，湖泊已充滿水生植物，與周邊的沼澤、岸上的森林呈現出完整的演替生態變化。湖中的植物有極為珍貴的品種，像東亞黑三稜、微齒眼子菜等，在生態上都極具研究價值。

十、苗栗三義火炎山自然保留區

　　民國75年6月27日成立，位於苗栗縣三義鄉及苑里鎮境內，地質上是泥質岩層與礫石層間的鬆散結構被侵蝕後所形成的一種惡地，

由於旺盛的沖刷作用破壞植被，裸露的岩層被切割成刀鋒狀，在夕陽照射下，整片崩坍的斷崖會像著火般通紅，所以有火炎山之稱。

火炎山保留區內有臺灣面積最大的馬尾松天然林，還有一些相思樹、楓香、烏臼、大頭茶及多種蕨類。動物則較稀少，常見的有赤腹松鼠、莫氏樹蛙、褐樹蛙、攀木蜥蜴等（圖 8-40）。

圖3-40　苗栗火炎山保留區：苗栗火炎山的山谷因旺盛的沖刷作用造成大量的卵石堆積。（苗栗·火炎山）

十一、九九峰自然保留區

民國 89 年 5 月 22 日成立，九九峰位於烏溪北岸，地跨南投縣草屯鎮、國姓鄉及臺中市霧峰區、太平區，主要保護對象是 921 地震後所形成的崩塌斷崖特殊地景。

九九峰自然保留區內因為地震崩塌破壞原生植被，造成地表裸露，所以豪雨時經常出現土石流，生態上正處於演替階段的裸原期，植物方面以先驅陽性樹種為主，動物則有多種鳥類和兩棲類，地震後的生態變化目前仍在觀察研究之中。

十二、臺灣一葉蘭自然保留區

民國 81 年 3 月 12 日成立,位於嘉義縣阿里山上,阿里山森林鐵路眠月支線正好穿越其間。保育對象除一葉蘭外,還有臺灣檫樹、臺灣五葉蔘、阿里山千層塔、阿里山十大功勞、玉山箭竹及紅檜、鐵杉等也都是極須保護的植物。

臺灣一葉蘭是國際知名的高冷性蘭科植物,大多生長在向陽的岩壁上,一般是以球莖進行無性繁殖,出芽後先開花再長葉,通常一芽只長一朵花,但卻可維持兩週左右。由於外觀及生態均極特殊,所以被採集為園藝植物的壓力很大,野生族群也就日益減少。

十三、出雲山自然保留區

民國 81 年 3 月 12 日成立,本區位於高雄市桃源區及茂林區,涵蓋馬里山溪與濁口溪兩大水系。保護對象為全區的生態資源,對象有珍稀植物、淡水魚類、哺乳類、鳥類、爬蟲類及兩棲類,較為珍貴的物種如紅豆杉、牛樟、阿里山山櫻、無脈木犀花、臺灣奴草、臺灣長鬃山羊、藍腹鷴、臺灣藍鵲、冠羽畫眉、白耳畫眉、百步蛇等。

十四、烏山頂泥火山自然保留區

民國 81 年 3 月 12 日成立,位於高雄市燕巢區金山村內一個海拔高度約 175 公尺的地形平臺,保護對象是泥火山地質景觀。這裡有七座泥火山,而其中兩座最大的一個呈休眠狀態,另一個還在繼續噴泥當中,且其噴泥頻率大概每數秒即噴發一次,是臺灣難得的地質及地球科學實地教材。

十五、臺東紅葉村臺灣蘇鐵自然保留區

民國 75 年 6 月 27 日成立,位於臺東縣延平鄉境內的鹿野溪沿岸,保護對象是臺灣蘇鐵。由於本區溪谷都是陡峻的峭壁,且不時有崩塌的情況發生,別的生物很難在此存活,所以臺灣蘇鐵才有較佳的生存

機會，而緩坡處則形成與二葉松混合的過渡群落，是生態學上相當難得的研究及教學環境。

臺灣蘇鐵為臺灣特有種，屬熱帶裸子植物，雌雄異株，雄球果呈柱狀，雌球果為卵形，外觀上與一般常見的蘇鐵沒有太大差別，但高度可到五公尺，因此常被盜採為園藝植物，必須特別保護。

十六、大武山自然保留區

民國 77 年 1 月 13 日成立，位於臺東縣太麻里鄉、達仁鄉及金峰鄉境內，是一座較大型的保留區，總面積約 47,000 公頃，保護對象為原始森林、高山湖泊等野生動物棲息地，由於地形上較為獨立，生態環境發展得相當完整，從低海拔向高海拔處，可發現熱帶季風雨林、亞熱帶闊葉林、暖溫帶山地闊葉林、暖溫帶山地針葉林、冷溫帶山地針葉林五種林相。境內動物資源也非常豐富，哺乳類、鳥類、爬蟲類、兩棲類等品種均多，較為稀有的如臺灣黑熊、石虎、水鹿、藍腹鷳等，過去還有雲豹和水獺的蹤跡。

十七、大武事業區臺灣穗花杉自然保留區

民國 75 年 6 月 27 日成立，位於臺東縣達仁鄉大武山區的闊葉林中。臺灣穗花杉是臺灣特有種，分類上屬裸子植物，是一種雌雄異株的常綠喬木，由於雄毬花序懸垂如穗狀而得名，在臺灣分布有限，族群稀少，本區完成列冊保護的只約 1,300 多株。

十八、墾丁高位珊瑚礁自然保留區

民國 83 年 1 月 10 日成立，是全島唯一的高位珊瑚礁原始林，位置在墾丁國家公園內，但並未對外開放參觀或解說，其目的是要藉由嚴密的管制措施來保護珊瑚礁岩塊上的熱帶林及石灰岩洞，必要時，也僅在附近相同的生態環境中提供參照性的解說教育服務。

本區有許多靠海流傳播的樹種，如欖仁、棋盤腳，稀有植物如象牙樹、港口馬兜鈴、毛柿等，而以港口馬兜鈴為食草的黃裳鳳蝶則是本區珍貴的昆蟲資源（圖8-41）。

圖8-41　墾丁高位珊瑚礁保留區景觀及資源。

(a) 墾丁高位珊瑚礁原始林：墾丁高位珊瑚礁原始林內的植物攀附在礁岩上生長，是臺灣本島上少有的景觀。（屏東‧墾丁）

(b) 欖仁：欖仁樹的果實可隨海水漂流而傳播到遠方。是墾丁森林中的主要樹種。（屏東‧墾丁）

(c) 棋盤腳：棋盤腳也是靠海流傳播的植物，它的特性是夜間開花，早上便凋落，是墾丁著名的物種。（屏東‧墾丁）

十九、澎湖玄武岩自然保留區

民國81年3月12日成立，澎湖群島在嘉義、雲林外海，由64個大小島嶼所組成，劃定為自然保留區的有錠鉤嶼、雞善嶼和小白沙嶼三個無人島，低潮時的陸地面積約僅31公頃。

本區的保護對象為玄武岩柱狀節理的特殊地理景觀。玄武岩是火山噴發的岩漿凝固後所形成的火成岩，柱狀構造則是岩漿凝固時的冷縮作用所造成，每一單一柱子高達數公尺，直徑約一公尺，橫斷面常

成六邊形。由於柱狀玄武岩都垂直豎立在島緣形成高聳、壯觀的海崖景觀，在地質研究及觀光遊憩上頗具價值（圖 8-42）。

圖8-42　澎湖玄武岩。
　　　　(a) 柱狀玄武岩垂直豎立在澎湖島緣形成高聳、壯觀的海崖景觀。（澎湖）
　　　　(b) 玄武岩柱狀構造是岩漿凝固時的冷縮作用所造成，每一單一柱子高達數公尺，直徑約一公尺，橫斷面常成六邊形。（澎湖）

二十、澎湖南海玄武岩自然保留區

民國 97 年 9 月 23 日成立，位於澎湖縣望安鄉，包含東吉嶼、西吉嶼、頭巾、鐵砧等四島，主要保護對象為玄武岩地景。

二十一、旭海觀音鼻自然保留區

民國 101 年 1 月 20 日成立，位於屏東縣牡丹鄉境內，總面積為 841.30 公頃，主要保護對象為高自然度海岸、陸蟹、原始海岸林、地質景觀及歷史古道。區內阿郎壹古道為著名健行路線，因位處自然保護區內，欲進入活動須向管理機關屏東縣政府依法提出申請。

二十二、北投石自然保留區

民國 102 年 12 月 26 日成立，位於臺北市北投區，範圍包含北投溪第二瀧至第四瀧間河堤內的行水區，面積約 0.2 公頃，兩端分別以北投溫泉博物館及熱海飯店前之木棧橋為界，長度約 300 公尺，主要保護對象為北投石。

二十三、龍崎牛埔惡地自然保留區

民國 110 年 7 月 30 日成立，位於臺南市龍崎區，龍崎牛埔惡地是南臺灣著名的泥岩地質區，自然地景主要由泥岩所組成，於泥岩遇水容易層層流失、片片脫落溶蝕下，區域內植物不易生長，因表面逕流所刻蝕的地形清晰，為欣賞惡地地形變化的好地點。

 8-7 臺灣的生態保育機構及相關法規

臺灣致力於自然資源之開發促使經濟蓬勃發展已近四十年，但有關自然生態的保育工作卻未能配合進行，因此目前面臨的困境是，不僅生活環境遭受嚴重破壞，許多自然、人文資產也隨之蕩然，甚至對整個國家形象造成負面影響。有鑒於此，政府於 1984 年由行政院院會通過「臺灣地區自然生態保育方案」，另於 1987 年公布「現階段環境保護政策綱領」，而依此兩項重要宣示與《文化資產保存法》、《野生動物保育法》、《國家公園法》、《森林法》、《濕地保育法》等共同構成臺灣自然保育的法律依據。

在保育政策的執行機構及職掌方面，行政院農業委員會負責執行《野生動物保育法》、《森林法》及《文化資產保存法》之自然文化景觀部分；內政部營建署則負責推動《國家公園法》及《濕地保育法》的各項事務。此外，分布在臺灣各地的風景特定區，例如東北角海岸風景特定區、東部海岸風景特定區等所轄範圍內的種種限制規定，也算是一種自然環境的維護措施，這些業務則由交通部觀光局所管理。海洋環境及生態保育業務則由 107 年成立的隸屬海洋委員會下的海洋保育署通盤負責。

1. 臺灣的自然景觀豐富多變,主要山脈有雪山山脈、阿里山山脈、玉山山脈、中央山脈、海岸山脈;大小河川約 130 條,其中主要河川 19 條,高屏溪、濁水溪、淡水河為臺灣的三大河川。

2. 臺灣的平原依順時鐘方向依序排名是:蘭陽平原、南澳沖積平原、和平沖積平原、花蓮溪口平原、花東縱谷、卑南沖積平原、恆春縱谷、屏東平原、高雄平原、嘉南平原、清水海岸平原、大甲溪扇形平原、苗栗河谷平原、竹南沖積平原、新竹沖積平原。

3. 海岸地形可分為「海蝕地形」與「海積地形」兩大類,前者典型的景觀如海蝕溝、海蝕洞、海崖、海蝕平臺、海蝕柱;後者如沙灘、礫灘、沙洲。

4. 臺灣四周的離島,依順時鐘方向依序排列是:北方三島、基隆嶼、龜山島、釣魚臺列嶼、綠島、蘭嶼、小琉球、七星岩、澎湖群島。

5. 臺灣主要的林相有熱帶雨林、亞熱帶常綠闊葉林、高山針葉林、高山草原等四種。

6. 臺灣現有的國家公園計有陽明山、雪霸、玉山、太魯閣、墾丁、金門、東沙環礁、台江、澎湖南方四島等九座。

7. 臺灣及離島上所劃定的自然保留區目前總計有 23 處。

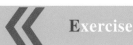
( ) 1. 關於臺灣地理環境的敘述何者錯誤？ (A) 澎湖群島形成時間早於臺灣島 (B) 中央山脈隆起的原因是太平洋板塊撞上歐亞大陸板塊所造成 (C) 臺灣的河川因為山高水急，所以切割、侵蝕作用旺盛，隨處可見峽谷、湍流、瀑布、河階地、沖積扇等地形 (D) 東岸因為山脈與海岸線極為接近，所以平原面積較小，主要是由河口沖積而成。

( ) 2. 關於臺灣地理環境的敘述何者正確？ (A) 苗栗火炎山是泥質岩層被旺盛的侵蝕作用切割造成外觀尖銳陡峭的山壁 (B) 海蝕地形因波浪對海岸衝擊造成，大多分布在東北角及西部海岸 (C) 外傘頂洲是因沙石被海水搬移到海流平緩的地方堆積而成的連島沙洲 (D) 臺灣北部降雨分布極不平均，每年 11 月到隔年 4 月間，因東北季風受中央山脈阻隔而形成乾季，河川常出現斷流現象。

( ) 3. 「濕地」，指的是陸地與水域間的轉換地帶，以下對濕地的敘述何者錯誤？ (A) 濕地可以調節地下水位及防洪護岸外，更可以淨化水質並維護水產資源 (B) 臺灣的濕地主要受文化資產保存法規範與保護 (C) 關渡河口濕地是紅樹林與草澤混合的河口型沼澤 (D) 除天然濕地外，人工水田也是重要的濕地，孕育豐富的生物資源。

( ) 4. 有關臺灣離島生態的描述何者錯誤？ (A) 臺灣離島除小琉球為珊瑚礁、澎湖列島之花嶼為花崗岩外，其他都屬於海底火山噴發熔岩所冷卻之火山島嶼 (B) 龜山島擁有特殊的海底熱泉，是全球極為少見的生態體系 (C) 北方三島最近的是彭佳嶼，中間是棉花嶼，最遠為花瓶嶼都屬火山地形，位於候鳥遷徙路線上，所以各類候鳥眾多 (D) 澎湖雞善嶼有全球僅剩約 100 隻的神話之鳥—黑嘴端鳳頭燕鷗繁殖，足見澎湖群島在生態上之重要性。

( ) 5. 何者不是臺灣具有的林相？ (A) 墾丁熱帶雨林 (B) 福山亞熱帶常綠闊葉林 (C) 恆春熱帶沙漠草原 (D) 合歡山高山針葉林。

( ) 6. 臺灣動物生態的描述何者正確？ (A) 臺灣雲豹為臺灣特有亞種，可能已在臺灣山林絕跡 (B) 風機、光電板等綠能選址不當，可能占據黑面琵鷺等候鳥棲息所需的濕地空間，造成鳥類生存上的重大威脅 (C) 臺灣淡水魚類豐富，櫻花鉤吻鮭復育有成，已從保育類名錄中移除 (D) 臺灣昆蟲以鱗翅目的蛾、蝶數量最多，鞘翅目的甲蟲類次之。

( ) 7. 下列何者是臺灣最晚成立的國家公園？ (A) 澎湖南方四島國家公園 (B) 墾丁國家公園 (C) 東沙環礁國家公園 (D) 陽明山國家公園。

( ) 8. 第一個依《文化資產保存法》解除的是哪一個自然保留區？ (A) 關渡自然保留區 (B) 九九峰自然保留區 (C) 旭海觀音鼻自然保留區 (D) 淡水河紅樹林自然保留區。

( ) 9. 臺灣的生態保育法規及主管機關配對，哪一個組合是錯誤的？ (A) 《野生動物保育法》—行政院農業委員會 (B) 《國家公園法》—內政部營建署 (C) 《文化資產保存法》自然文化景觀部分—行政院農業委員會 (D) 《濕地保育法》—海洋保育署。

( ) 10. 自然保留區和其保護對象，哪一個組合是錯誤的？ (A) 旭海觀音鼻自然保留區—高自然度海岸、陸蟹、原始海岸林、地質景觀及歷史古道 (B) 哈盆自然保留區—高山淡水湖泊的濕地生態 (C) 大武山自然保留區—原始森林、高山湖泊等野生動物棲息地 (D) 九九峰自然保留區—921 地震後所形成的崩塌斷崖特殊地景。

1. 你現在生活的範圍在臺灣的哪一區域,有什麼重要的地理景觀?

2. 請先蒐集最接近你生活範圍的濕地資料並實地觀察後,討論該濕地的屬性、生物資源及維護情形。

3. 「紅樹林」名稱的由來為何?分布在北臺灣和南臺灣的紅樹林,其構成植物有什麼差異?

4. 請先蒐集最接近你生活範圍的國家公園資料並實地參訪後,討論該公園最主要的地理景觀、生物資源及人文特質。

5. 請先蒐集最接近你生活範圍的自然保留區資料,討論其保護對象在臺灣生態上的重要性。

6. 臺灣目前有哪些重要的生態保育法規,主要負責執行的機關與職掌為何?

CHAPTER **09**

結論：生態倫理的重整

9-1　生態倫理的意義

　　延伸人與人之間的倫理道德觀到人與生態系之間的關係，就是所謂的「生態倫理」。我國的生態倫理概念，早已融入我們固有的文化傳統之中，例如古代道家所倡的「天人合一」、「道法自然」；孟子梁惠王篇：「不違農食，穀不可勝食也。數罟不入洿池，魚鱉不可勝食也。斧斤以時入山林，林木不可勝用也。」都在強調人與自然間應該本著和平共榮的關係。但是，近代由於過度相信科技的力量，誤以為人類可以改造自然，才會引發眼前日益嚴重的生態危機。

　　從時間的觀點來看，宇宙形成至今已有 70 億年，地球上最原始的生命在 35 億年前誕生，智慧人的出現也不過是最近三萬五千年的事而已；再從空間方面來看，在浩瀚無涯的宇宙中，地球是無數星球中的一個，人類僅是這個星球上大約 1,000 萬種生命形式中的一個物種。所以，人類實在沒有理由誇大自己在整個生態系中的重要性及影響力，因為絕大多數的生物相對於人類而言都是地球的原住民，它們對地球環境的適應能力，以及對整個生態系統的貢獻，絕對遠遠超過人類的極限。換句話說，人類其實是地球上極其脆弱的物種，從演化的觀點來看，因為有其他物種的存在，人類才有發展的契機，即使人類目前看似能夠支配地球所有的資源，但這一定只是短暫的優勢，如果人類不懂得遵循大自然的秩序，那走向自我毀滅的道路，絕不只是一種危言聳聽的假說而已。

9-2　重整生態倫理應有的共識

　　重整生態倫理的目的，是要把人類從主宰自然的統治者地位，回歸到自然生態系中的一個組織成員，也就是說，人類並沒有支配自然界的能耐或權利，人類絕對必須遵守生態系中相互依存的自然法則，甚至更應該自覺，有朝一日人類也會沒入演化的大洪流之中。所以，不僅為了謀求人類更長久的生存希望，也為了盡一份自然成員的基本義務，現階段的人類，至少需要建立下列幾點共識：

一、尊重其他生命的生存權

　　目前已被人類發現並命名的生物約有 180 萬種，但地球上究竟有多少物種卻仍是個未知數，保守的估計約有 1,000 萬種之多，也有些學者認為應有 1,500~2,000 萬種，但無論如何，可以確定的是人類對地球的瞭解其實相當有限，而各種生物在整個生態系中的價值與貢獻究竟如何，可能是人類永遠無法窺知的謎題。

　　有些科學家認為，讓現有物種繼續繁衍是基於保障人類的生存利益，例如早期從金雞納樹去提煉治療瘧疾的奎寧，以及近代用犰狳研究麻瘋病的治療、用黑猩猩來確認 B 型肝炎疫苗的安全性等即是。另外還有些生物學家，他們把改良作物或禽畜的希望寄託在更多野生品種的基因當中；凡此種種，都是以期望人類活得更好、更舒適為前題。但這樣的觀點，並不足以充分解釋人類為什麼必須讓其他生物與我們共存共榮的理由，相反的更顯示出人類「物為我用」的卑劣心態。所以，讓別的生物活下去的意義，不在於它們是否能夠有助於人類的生存，而是一個尊重與否的問題，也是一種道德層次和倫理層次的反省，因為所有生命的存在都自有其權利與價值，對人類有益與否，根本無關乎其存在的意義。否則，人類就會淪為以自己好惡來決定其他生命死活的濫殺者，而這種角色，絕對無法長期容留在自然生態系之中。

二、約制人類對自然界的需求

　　近代有些生態學者從哲學的角度來探討現有的生態問題。他們認為：生態危機是一種文化危機，人類眼前所遭遇的困難，其實是因為人類的行為與思考並不符合生態運作秩序的結果，而許多對自然界無止境的需索，也導致全球生態瀕臨瓦解的邊緣。以亞馬遜河流域的雨林為例，該區域的雨林原本占全世界熱帶雨林總面積的二分之一，全球三分之一的「二氧化碳─氧循環」在此完成，所以它有「地球的肺臟」之稱。但是，由於先進國家想要取得優質的木材資源，當地政府也急於提升經濟改善生活，所以大量砍伐雨林的原木輸出，並將伐林後的土地改為農田，其結果，不但讓全球二氧化碳的濃度逐漸升高，

也造成雨林中的動物因失去棲所而瀕臨滅絕，這就是人類對自然界需索無度的最佳例證。另外，在許多經濟發達的國家，也有非求生需要的殺戮行為在嚴重破壞生態，例如獵殺野生動物製作皮革衣飾、以動物器官或組織當作藥物、甚至在蛋白質明顯過量的情況下仍以野生動物進補等惡質文化，都顯示人類還在粗暴的對待自己賴以維生的生態系統。殊不知，這樣無止境的需求，終究有一天人類要為此付出慘痛的代價。

三、節制人口成長的速率

人口增加的問題，牽涉的層面甚廣，有基於種族主義的，也有基於宗教思想的，更有些是源自於政治經濟的，種種因素交互作用的結果，使人口的總數已迫近地球足堪負荷的極限。雖然有些樂觀的生態學者認為，地球應該可以養活更多的人，但如果從眼前的生態問題來看，這種說法實在值得懷疑。因為像大氣溫室效應、土壤沙漠化、水源不足、空氣汙染等等，都是為了滿足人類生存需求而衍生的全球性生態危機，因此，若說「人口過多是一切生態問題的根源」並不為過。所以，節制人口成長應該是全人類共渡生態危機的環保行動，也只有將人口數量約制在某種範圍之內，生態系的倫理秩序才得以永續維持。

9-3 從心出發

生態倫理是否得以重整與實踐，固然關係到文化、教育、經濟、政治等不同層面的問題，但基本的出發點，應該從每個人的心開始。人類不能期待所有國家都簽署一項共同的環境條約，或等全球一致性的環保政策出現時才有所行動。生態問題威脅到每一個人，而生態問題的解決也必須從每一個人開始。因為有許多環境惡化的因素，其實是起源於人類貪婪、自私、懶惰等劣根性，所以生態倫理的重整，就必須落實到生活面來實踐。例如將資源性垃圾送到回收站，就是人類

在享用自然資源後所必須盡到的一份自然責任。另外，對整個非生命環境及生命世界的尊重，更是身為生態系統中的一個成員所應有的態度與行為。如果說，每個人都能從心出發，誠懇的反省自己是否謙虛的在演好生態倫理中應有的角色，並進而發揮大愛擴及與我們同在的萬事萬物，那這個宇宙中的綠色奇蹟才有生生不息的希望。

Summary　摘要整理

1. 延伸人與人之間的倫理道德觀念到人與生態系之間的關係，即是生態倫理。

2. 從時間和空間的角度來看，絕大多數的生物相對於人類而言都是地球的原住民，其對環境的適應力以及對生態系的貢獻，都遠遠超過人類的極限。

3. 重整生態倫理，應有下列三點共識：

   (1) 尊重其他生命的生存權。

   (2) 約制人類對自然界的需求。

   (3) 節制人口成長的速率。

4. 讓人類以外的生物活下去的意義，不在於它們是否能夠有助於人類的生存，而是一個尊重與否的問題，也是一種道德層次和倫理層次的反省。

5. 生態問題威脅到每一個人，生態問題的解決也必須從每一個人開始。如果每個人都能誠懇的從心反省自己在生態倫理中的角色，那地球才有生生不息的希望。

Exercise 　　　　　　　　課後練習

( ) 1. 下列何者不是重整生態倫理應有的共識？ (A) 尊重其他生命的生存權 (B) 保障人類不虞匱乏的權力 (C) 約制人類對自然界的需求 (D) 節制人口成長的速率。

( ) 2. 有關生態倫理的意義，何者錯誤？ (A) 強調人與自然間應該本著和平共榮的關係相互尊重 (B) 人類是獨一無二的生物，在整個生態系中的重要性及影響力極大，可以支配地球所有的資源 (C) 延伸人與人之間的倫理道德觀到人與生態系之間的關係就是生態倫理 (D) 人類屬於地球生態系的成員，沒有其他生物，人類也無法存活。

( ) 3. 對於尊重其他生命生存權的敘述何者才是真正的尊重生命？ (A) 讓現有物種繼續繁衍是基於保障人類的生存利益所需 (B) 更多野生品種的基因有助於人類改良作物或禽畜，因此必須保護更多生物的生存 (C) 無論其他生物是否有助於人類生存，都有其存在的權利與價值 (D) 其他生物的存在可以維持生態系的平衡，使人類得以獲得更多的自然資源以利用，因此必須維護其他生物的生存。

( ) 4. 下列何者不是人口過度成長製造的生態問題？ (A) 大氣溫室效應 (B) 糧食生產過剩 (C) 水源不足 (D) 土壤沙漠化。

1. 蒐集我國固有傳統文化資料，討論中國人的生態倫理觀。

2. 請比較「因為人類需要」與「因為尊重」而讓別的生命活存下去，兩者在意義上有何差別？

3. 試從生態倫理的角度，討論一對夫妻應該生育幾個小孩。

4. 請舉出十種日常生活中的行為或態度，說明人類應如何從生活層面來實踐生態倫理。

Answers 習題解答

 課後練習

CHAPTER 01

1.D 2.B 3.C 4.B 5.D 6.C 7.B 8.C 9.A 10.C

CHAPTER 02

1.C 2.B 3.C 4.B 5.A 6.C 7.C 8.D 9.B 10.D

CHAPTER 03

1.C 2.C 3.B 4.A 5.B 6.C 7.D 8.C 9.B 10.B

CHAPTER 04

1.D 2.C 3.C 4.C 5.B 6.A 7.B 8.C 9.D 10.B

CHAPTER 05

1.D 2.C 3.D 4.C 5.C 6.A 7.D 8.B 9.A 10.C

CHAPTER 06

1.B 2.C 3.A 4.D 5.C 6.B 7.B 8.C 9.C 10.A

CHAPTER 07

1.C 2.C 3.B 4.C 5.C 6.A 7.B 8.B 9.D 10.C

CHAPTER 08

1.B 2.A 3.B 4.C 5.C 6.B 7.A 8.A 9.D 10.B

CHAPTER 09

1.B 2.B 3.C 4.B

思考與討論

CHAPTER 01

1. (1) 人類是地球生物圈中的一員，無法獨自脫離生態系統存活。

   (2) 生態系統一旦遭到破壞失去平衡，終有一天會產生反撲，如野生動物的傳染病傳遞到人類造成疫病擴散，最終使人類也同樣無法生存。

   (3) 瞭解生態學的基本知識，認知人類的所有作為都會對生態系統的運作產生或好或壞的影響。

   (4) 唯有建立正確的態度與行為，不背棄生態平衡的基本原理，維護生態環境的永續發展，人類才能在地球上永續生存，因此學習生態學是地球公民必須共同研習的生存科學。

2. (1) 人類智慧與科技高度發展對全球生態系的影響有好有壞。

   (2) 壞的衝擊方面，例如工業技術的的發展，加速了對自然資源的需求與開發，增加自然環境因人類活動而遭受破壞的力度與範圍。像是大型動力機具的應用使得巴西亞馬遜熱帶雨林的面積比以往更加快速地遭到破壞而大幅縮減；石化燃料動力機械的應用雖然提高了生產力與便利性，卻也造成全球暖化與氣候變遷的惡果。

   (3) 好的影響方面，例如地理資訊系統的發展，使生態學者得以從更大的地理尺度去更周延的研究生態環境面臨的問題並思考解決方案；發電方式的進步，使得風力、太陽能、地熱能……等清淨能源得以逐漸取代傳統石化能源，減少地球生態系統面臨的暖化危機。

   (4) 所有的智慧提升與科技進步，對生態系統的影響沒有絕對性好或壞的影響，端視人類如何運用，心存永續生態的觀念，就能在使用進步的科技提升人類生活品質的同時，兼顧減緩環境破壞的力道，也因此，生態學是人人都必須研習的生存科學。

3. (1) 人類為「異營性」生物，無法脫離捕食其他生物以維持生命的自然界法則。

   (2) 「尊重生命」則是現代社會中人類普遍遵從的道德標準，若否，則人類將回歸原始弱肉強食的叢林時代。

(3) 二者之間的衝突需依靠教育方式予以解決，透過生態教育與生命教育，讓人類理解維護生態系完整，尊重其他生命在地球生態系中的地位及生存權利，在日常生活中敬畏自然、尊重生命，建立與其他生命共存共榮的觀念才是維持人類在地球上永續生存的唯一之道。

4. (1) 社會責任是成為一個符合社會道德要求與法律規範的合格公民。必須自我要求做到追求自由、民主的生活方式、遵守法律規約、尊重他人身體自主權……等生存在人類社會上所必須具備的基本原則。

(2) 自然責任則是體會人類也只是地球生態系中的渺小一份子，瞭解人類無法脫離生態系統而生存，認知到人類必須尊重生命，不應該對自然予取予求，無限制的破壞，必須對維護永續生態的責任盡一份心力。

(3) 社會責任與自然責任間的差別在於前者是生存在人類社會所需具備的道德與法律責任，偏向於對個人的要求，與生態系統的存續無關；後者則人類身為生態系統一份子，對維持地球自然環境及其他生命生存，彼此共存共榮所需具備的態度與需盡到的責任，關乎的是地球生態系統與全人類的存續。

CHAPTER 02

1. (1) 目前身處日週期的白天接近中午 12 點鐘的階段，經過一個上午的努力讀書，大腦細胞頻繁活動消耗大量的血糖，因此內在環境呈現血糖較低，偏離恆定性的狀態，需要進食提升血糖，以維持體內恆定性。

(2) 目前是 2 月初，在地球公轉週期上屬於冬季期間，受到較低氣溫的影響，為了維持內在環境體溫的恆定性，必須透過肌肉顫抖或提高代謝率的方式產生熱量抵抗低溫，產生熱量的過程又會大量消耗血糖，導致內在環境呈現血糖較低，為了維持體內血糖恆定性，造成冬季期間進食量大增的結果。

2. (1) 日光是最原始的能量來源，綠色植物（生產者）依靠日光中的能量進行光合作用製造葡萄糖，提供消費者利用，形成能量在生態系統中的流動，維持生態系統的存續，因此日光可說是生態系統運作的根源，失去日光，地球生態系統將無以為繼。

(2) 日光與其他環境因子間產生交互作用，且居於主導地位，日光強烈照射之處，溫度上升，水氣蒸散速率高，空氣及土壤濕度降低，因此在日光強烈的地區生存的生物，必須適應較為高溫且乾燥的環境方得以生存；反之，日光較弱之處，溫度低，濕度高，能適應生存的物種及有不同。因此日光對生物的分布與生存同樣有著重大的影響。

(3) 日光對植物的萌芽、生長、開花、結果的時序都有重要的影響，例如菊花的花期受日照時數長短的影響；對動物的生理及行為也有影響，例如日光可以促使維生素 D 的合成，對動物健康維持非常重要；此外動物也因為適應日光週期的光度差異而演化出日行性、夜行性等不同活動週期的物種，對形成地球生物多樣性有重大的影響。

3. (1) 生理上以動物來說，可以藉由生理機制的適應，增加對水分需求的耐受度，例如駱駝可以容忍至少半個月不喝水，透過代謝水回收及減少排尿的方式保存體內的水分。

(2) 形態上以植物而言，可以藉由葉片面積縮減，甚至特化成針狀葉，以降低葉面水分蒸散速率的方式來保持水分，或是演化出肥大的根或莖部來大量保持水分，例如仙人掌等多肉植物。

(3) 行為上以動物舉例，沙漠動物多數在夜間活動，可以減少日光照射下造成的流汗及水分大量蒸散，以保存體內的水分。

4. (1) 「勃格曼定律」意指在高緯度或高海拔地區，動物為了減少體熱的散失，以適應較低的環境溫度而生存，演化出較大的體型。

(2) 原理是基於體積與表面積的比例關係，體積越大，相對表面積越小，體溫散失速率越慢。

(3) 因此，北歐人生存在高緯度地區，演化出高大的身材，可以降低表面積的比例，有助於減少體溫散失；而印尼人生活在赤道熱帶地區，沒有減少體溫散失的問題，身材便較為矮小。

5. (1) 體型比較表：

物種	體長 (cm)	成年雄性體重 (kg)	分布緯度
北極熊	180~280	300~650	北緯 64~88 度
加拿大棕熊	150~280	130~550	北緯 45~70 度
臺灣黑熊	130~180	60~150	北緯 21~25 度
馬來熊	120~150	27~65	北緯 1~6 度

(2) 從表中可以看出從體型來看，北極熊＞加拿大棕熊＞臺灣黑熊＞馬來熊，分布緯度由高至低也是北極熊＞加拿大棕熊＞臺灣黑熊＞馬來熊，亦即分布緯度越高，體型越大。

(3) 依據「勃格曼定律」，緯度越高，物種的體型越大，有助於在寒冷的環境下保持體溫。

(4) 因此，熊的體型大小，可能和生存的環境有關，越高緯度越寒冷地區的熊，體型演化的越大，有利於保持體溫而生存，反之，分布在低緯度的熊，為了增加散熱避免熱衰竭的風險，演化出較小的體型。

CHAPTER 03

1. (1) 受到地區性生活機能吸引而主動搬遷聚居所形成的都會區，可視為因共同趨向所形成的主動族群。

(2) 外國的中國城，可視為因國籍相同產生的相互吸引力所形成的主動族群。

(3) 由政府主導，將天然災害受災者統一遷移安置，如嘉義縣觸口的逐鹿部落即為八八風災受難的原住民部落移居所形成，可視為被動族群。

2. (1) 臺灣鳥類居留狀況依遷徙類型可區分為留鳥、冬候鳥、夏候鳥、過境鳥、迷鳥及外來種（籠逸鳥）等。其中有固定遷徙現象的為冬候鳥、夏候鳥、過境鳥三類。

(2) 臺灣位處東亞澳遷徙線 (East Asian-Australasian Flyway, EAAF)，在此遷徙線上之候鳥度冬地大致位於臺灣往南至東南亞及澳洲、紐西蘭等地，繁殖地大致位於臺灣、日本、朝鮮半島、中國東北至西伯利亞等地，臺灣大約位於半途之處。

(3) 冬候鳥為在日本、朝鮮半島、中國東北至西伯利亞等地繁殖，為躲避冬季高緯度嚴寒且缺乏食物的狀況，秋季南遷至臺灣度過冬季的鳥類。

(4) 夏候鳥為在東南亞及澳洲、紐西蘭等地度冬，春夏季節北遷至臺灣進行繁殖的鳥類。

(5) 過境鳥為春季北遷或秋季南遷時，途經臺灣短暫停留補充食物以回復體力的候鳥，未在臺灣度冬或繁殖。

3. (1) 先天行為指經由遺傳，無須後天學習即具備的行為，例如哭泣行為（嬰兒出生後即放聲大哭）、進食行為（嬰兒出生後即會吸吮奶嘴）。

   (2) 後天行為是必須經由他人教導，透過系列學習過程後才會的行為，例如行走、跑步、說話等行為（嬰兒需經過學習才會慢慢開始行走，逐漸說出有意義的語言）。

4. (1) 自私行為在個體而言，可以取得個體最大利益，且不考慮對族群的傷害，例如非洲獅群更換獅王時，新任獅王為了促使群中母獅重新進入生殖週期以獲得自身繁衍子代的機會，會將群中前獅王留下的幼獅全數殺死，此殺嬰行為可使新任獅王獲得自身最大的生殖利益，卻使得獅群蒙受個體數量的損害。

   (2) 利他行為是個體為了促進族群的整體利益，放棄或造成自身利益的損害，例如蜜蜂或螞蟻等社會性昆蟲，工蜂為了增進族群的整體利益，演化上失去了繁殖能力，自身的生殖利益遭受極大損害，卻促使族群得以延續，可說是利他行為的極致。

5. (1) 人類的領域行為受到許多社會規範的限制或影響，小從個人生活空間的維護（不讓陌生人進入家中），大至國家領土的護衛（不得隨意入侵他國領空領海的國際法規定），都可視為人類的領域行為表現。

   (1) 人類求偶行為和動物幾無二致，例如打扮得美美的（雄鳥美麗的羽色或公麋鹿粗壯的角）、贈送昂貴的禮物（小燕鷗公鳥的求偶餵食行為）、唱情歌（雄蛙的求偶鳴叫）、噴香水（蛾類散發費洛蒙）、跳舞（信天翁或丹頂鶴的求偶舞蹈）等，都是常見的人類求偶行為。

6. (1) 視覺：穿著、髮型、化妝等造成外觀改變的表現，或是各種手勢、搖擺頭部、眨眼等肢體動作，都是透過視覺接收或傳達訊息的溝通方式。

(2) 聽覺：歌唱、演奏樂器、語言等，都是透過聽覺接收或傳達訊息的溝通方式。

(3) 嗅覺：噴灑香水是一種透過嗅覺接收或傳達訊息的溝通方式。

CHAPTER 04

1. (1) 森林的演替即是最佳例子。

(2) 草本植物種子（多數為適應陽光強烈且乾旱環境的禾本科植物）掉落至裸露的開闊地形成乾草原→乾草原植物死亡的植物體年復一年累積，提供能夠適應乾旱環境的小灌木生長所需的介質，形成矮灌木樹叢→矮灌木樹叢枯枝落葉累積生成較厚的有機質土壤層，且提供適度的遮蔭，形成稍微潮濕的環境，使得需要遮蔭且適當濕度喬木種子開始萌發生長，逐漸形成喬木森林→喬木茂密的樹冠層，提供更多的遮蔭且保存更多的水分，在林下形成更陰暗潮濕的環境，附生植物和蕨類等需要潮濕陰暗環境的林下層植物開始出現→逐漸形成成熟的喬木森林。

(3) 上述例子中，各類型植物必須適應一開始時需適應較不適合生長的環境，並逐步改變環境，使環境慢慢演變成適合其他植物生存的類型，逐漸完成森林演替的過程。

2. (1) 墾丁國家公園位處北迴歸線以南，屬於熱帶氣候，瀕臨海岸地區有一特殊的生態系稱為「熱帶海岸林」。

(2) 其中植物群落由熱帶海岸植物所組成，特性為生長快速，且具有由大量纖維包覆，質輕具飄浮性的種子，可以經由海漂方式散布種子以擴散族群，例如棋盤腳、欖仁等樹種。

(3) 動物群落則以適應海邊高溫、乾旱環境特性的物種為主，例如陸棲寄居蟹、岩岸島蜥、陸蟹等物種。

3. (1) 原生演替從裸原開始，必須由外力引入植物種子或其他繁殖體，才會出現先鋒群落並逐步演替至巔峰群落結束。

(2) 次生演替從火災後或採伐後的次生裸原開始，植物從土壤中的種子或根莖繁殖體萌芽而開始出現先鋒群落，最終演替為巔峰群落結束。

4. (1) 都市中多為人工構造物，植物綠地等天然棲地較稀少，因此組成都市群落的生物多數為適應人工構造物的物種為主，間雜部分得以稀少有限的天然棲地生存的物種。

　(2) 適應人工構造物的物種多數為小型，利用人類產生的食物維生的生物，大部分被視為有害生物，例如蟑螂、螞蟻、蚊子、溝鼠……等。

　(3) 使用都市稀少自然棲地的物種多數為適應人類干擾的生物，例如黑冠麻鷺、東亞夜鷹、麻雀、白頭翁……等。

5. (1) 熱帶雨林植物群落茂盛，且占有大面積分布，被稱為地球之肺，透過光合作用，在全球氧氣製造和二氧化碳吸收的循環中扮演絕對重要的角色，尤其在現今因化石燃料大量使用而產生過多二氧化碳，導致全球暖化進而引發氣候變遷的狀況下，熱帶雨林在維護氣候穩定上即為重要。

　(2) 熱帶雨林中因植物多樣性極高，且具備完整的分層結構，提供多樣的棲息空間供動物棲息，這些動物協助植物種子擴散或分解殘骸，使雨林中的能量和物質得以流動、循環，在維護熱帶雨林生態永續上扮演重要角色。

　(3) 熱帶雨林中無論動物或植物，都可能存有目前人類未知的經濟、醫藥或其他利用價值，可說是為人類生存提供一個潛在的救命錦囊。

　(4) 因應全球人口過度成長所產生的空間、食物……等需求，熱帶雨林正面臨大規模砍伐開發的壓力，且因為全球暖化也使得熱帶雨林更加容易發生森林大火，造成動植物生存的浩劫，凡此種種都是熱帶雨林面臨的問題。

6. (1) 以目前都市中常見的小型公園為例，其中多數種植有觀賞性的喬木間雜有部分開闊草生地，常見喬木有山櫻花、洋紅風鈴木、黃花風鈴木、苦楝樹、樟樹、印度紫檀……等。

　(2) 這些小型公園中動物群落主要為一些小型常見的鳥類、哺乳類或爬蟲類，像是白頭翁、麻雀、赤腹松鼠、斯文豪氏攀木蜥蜴……等。

　(3) 演替上公園內較不容易觀察，但草生地上會因風力或鳥類攜帶來鄰近地區的灌木種子而逐漸演替為小灌木叢，但公園管理單位通常會固定整理環境，因此小灌木叢常會遭清除而回復草地樣貌。

(4) 公園中的觀賞性喬木通常具有明顯地季節變化，例如 2 月初春時山櫻花盛開、4 月春天時風鈴木盛開、5 月春末時苦楝樹盛開……等景觀上的週期性變化。

CHAPTER 05

1. (1) 水族箱中非生物的部分包括：底石、水、循環過濾器、紫外線燈。

   (2) 水族箱中生物的部分包括：水生植物、魚蝦、附著藻類。

   (3) 能量輸入來自二部分，其一為紫外線燈所提供的光能，經由缸壁生長的附著藻類和種植的水生植物，進行光合作用轉化為生物能，進入水族箱中的能量循環，並經由魚蝦刮食藻類及啃食水生植物，在不同生物體中流動。

   (4) 第二部分能量為人類餵食的魚蝦飼料所提供，經魚蝦攝食進入不同生物體內流動。

   (5) 二種途徑所產生的能量，在魚蝦攝取利用後，最終經由排泄物進入水中，經硝化菌轉化為藻類和水生植物可以吸收利用的氮肥，再度進入能量循環的系統中。

2. (1) 沒有飯吃，米飯即為稻米，為植物，沒有飯吃表示已經失去初級生產力，沒有初級生產，就無法支持吃植物的次級消費者生存。

   (2) 肉糜可能為牛、豬、雞、鴨等動物，屬於次級生產力，沒有初級生產力就不會有次級生產力。

   (3) 所以沒有飯吃，更不會有肉糜可以吃。

3. (1) 生產者為利用光能將二氧化碳轉換為醣類，以提供初級消費者能料來源。

   (2) 消費者中，初級消費者補食生產者以獲取能量，次級以上的消費者則以其他消費者為食獲取能量。

   (3) 分解者則以生產者或消費者死亡後的殘骸有機物分解成無機物，再透過轉化者轉變為生產者可利用的物質，重新進入自然界的物質循環中。

   (4) 三者的功能基本上不同，但消費者中的腐食性消費者，以動、植物死亡殘骸為食，將其初步分解為較大型的碎屑，才能供給分解者做進一步的利用轉換，在這個過程中，可以視為與分解者功能上有部分相同。

4. (1) 轉化者的角色是將分解者轉換的無機物,進一步轉化成植物可以吸收利用的形式。

　 (2) 氮循環中,動、植物的排泄物或死亡後的殘骸,含有大量的蛋白質或胺基酸成分,經由分解者分解後,由有機物轉化為無機氨 (NH_3),此過程稱為氨化作用 (Ammonification),但無機氨植物無法吸收利用。

　 (3) 氨必須經由亞硝化細菌,將氨轉化成為亞硝酸鹽 (NO_2^-),再由硝化細菌氧化形成硝酸鹽 (NO_3^-),才能由植物利用,此過程稱為硝化作用 (Nitrification)。

　 (4) 所以,氮循環過程中,參與硝化作用的各種細菌,扮演轉化者的角色。

5. (1) 能量流動過程中,在食物鏈不同階層成員間的轉換過程中,每轉換一次平均會損失 90%。也就是說,真正能被後一級生物所獲得的能量,只有前一級生物生產量的 10% 而已,轉換次數越多,能量損失就越大,所以從整個地球的生物結構來看,植物必多於草食性動物,而草食性動物也必多於肉食性動物,因而形成生態金字塔的營養階層。

　 (2) 生態系中的物質,亦即生物生存所需的營養因子,在生物之間彼此傳遞時,和能量流動一樣,無法百分之百的在生物間傳遞,會在傳遞過程中轉換成其他形式,脫離生物間傳遞的路徑,因此在營養物質循環的過程中,同樣會造成植物必多於草食性動物,而草食性動物也必多於肉食性動物的結果。

　 (3) 能量流動在各階層間是單向性流動的,在遞嬗過程中會以熱能的形式散失,因此,生態系必須不斷的再從太陽補充能量。

　 (4) 相反的,物質循環過程中,雖然在生物層級的傳遞間,會有部分轉換成無機物的形式脫離生物鏈,但以地球的角度觀之,整體物質的量不會減少,只是以有機或無機的不同形態存在於生物體系或非生物空間中,並且經過不同的作用力,可以在生物及非生物之間持續的循環而重複使用。

6. (1) 以人為核心:都市生態系以人為核心,自然生態系則以生產為重心,因此都市生態系違反了「生產者多於消費者」這個營養階層的原則,是一種不穩定的生態系統。

(2) 明顯依賴周圍的生態系：都市生態系每天都必須從鄰近的生態系取得食物、水源、能源、原料等，而同樣的，它也無法自行消化本身的產物，其中包括工業生產品，加工生產品以及汙水、廢棄物等等。

(3) 自我調節能力不足：都市生態系既沒有穩定的營養階層，也沒有複雜的食物網，能量必須依靠外界供應，產物也要輸出消化，所以，它實在不具備什麼自我調節的能力，其穩定性大都依賴人為的社會體系與經濟架構來調節掌握。

7. (1) 高密度：人口密度高，因應人類生活需求，自然綠地面積明顯不足，導致缺乏具備生物多樣性的自然生態環境，成為一個不穩定的都市生態系。

(2) 高耗能：人口過多，各項生產工作及交通工具消耗大量能源，產生大量的廢熱，造成都會區產生嚴重的「都市熱島效應」。

(3) 高汙染：因應過多人口生活所需，製造大量的廢水、廢氣、噪音、垃圾等汙染物，在汙染處理能力不足的狀況下，進而造成自然環境的損害。

(4) 缺水原：人口、產業過度集中在都市中，用水量龐大，加之自然環境的破壞，使水源區無法涵養水源，最終造成水源匱乏的狀況。

8.

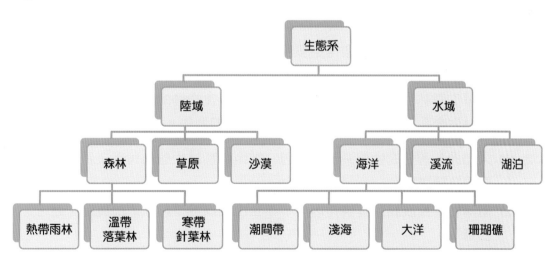

環境生態學
Environmental Ecology

1. (1) 因為要應付人口成長的需求，人類必須擴張耕地、伐林建屋、提高工業生產等等，於是生態失衡的問題也就源源不斷的出現。所以，如果說人口問題是一切生態問題的禍源其實並不為過。

   (2) 生態失調現象包含組成成分缺損、結構比例失衡、能量流動受阻、物質循環中斷等。

   (3) 因為人口過度膨脹，為了提供人類生活所需空間或種植作物，大量砍伐森林，喬木是森林生態組成中的優勢族群，一但全面砍伐，不只是依附其生存的消費者被迫遷移或消失，甚至整個氣候條件如日照、濕度、水分等也都因而改變，組成成分缺損進而引發生態系嚴重的生存危機。

   (4) 人口過度增長，需要更多的糧食，為了增加產量，過度使用農藥、化肥，造成幾乎所有昆蟲及兩棲類生物滅絕，農田生態系生態結構比例失衡，反而降低生產力。

   (5) 人口大量增加，家庭廢水等有機汙水大量排放至河川、海洋，造成優養化，藻類大量繁殖，初級消費者無法立即消耗掉多餘的初級能量，產生能量流動受阻，過多的藻類在夜間進行呼吸作用，加上大量老死的藻類腐化，使得水體溶氧降低，魚類大量死亡。

   (6) 人口大量增加，為了取得更多的食物和空間而大量砍伐森林，將樹木中原本應該在老化枯萎後，經由分解者和轉化者作用回歸自然的無機碳，大量從森林生態系中移除，造成原本經由食物鏈的物質循環受阻，使得森林生態系失去平衡，進而導致其他物種的消失。

2. (1) 人口過多會造成生態失衡的問題，從地球整體生態的角度來看，人口不應再持續增加。

   (2) 撇除社會發展和家庭倫理因素，不生小孩以減少地球人口負擔是個合理的選擇。

   (3) 但地球的人口問題，除了過多之外，另外該考慮的是人口分布不均的問題，因此在生小孩這件事上，還應該從各個地區或國家發展的角度思考，以臺灣而言，已進入嚴重的人口負成長階段，雖然人口數的減少對生態

環境的壓力會降低，但卻使國家發展失去平衡而須面臨其他的社會問題，在此狀況下，或許考慮生一或二個小孩，讓國家人口回復平衡，才能投入更多資源在環境保護及生態保育議題上，達到均衡的發展。

3. (1) 臺灣人口呈現出生率下降的負成長狀況，對社會發展有不利的影響，因此應該透過社會福利制度及教育制度的改善，減輕國人撫養孩子的負擔，鼓勵生育，提高生育率以回復人口正成長。

   (2) 人口老齡化有二個面向，一是如何提升老齡人口的社會貢獻度？二是老齡人口的醫療照顧如何改進？

   (3) 首先對於身體健康無虞的老齡人口，延長退休年齡是個方法，但卻不是一個好方法，延長退休年齡會造成職場世代交替的延後或停滯，使得年輕人無法順利找到工作，進而產生青年失業的社會問題，較好的做法是改善退休所得制度，讓老齡人口順利退休後仍可生活無虞，並透過完善的志工制度讓老齡人口可以將豐富的知識、經驗持續貢獻，服務社會。

   (4) 針對健康不佳的老齡人口，則須建立完善的長照體系，提供足夠的醫療照護服務，避免老齡人口成為子女的負擔而造成社會問題。

4. (1) 飲用水約 2 公升；洗滌器皿、衣物等約 20 公升；盥洗沐浴約 20 公升；其他消耗約 8 公升。

   (2) 加總一天耗水量約 40~50 公升。

5. (1) 原因：水體被過多的水體被過多的氮、磷、鉀等有機營養物所汙染，這些有機物，主要是來自耕地或果園流失的人工施肥，其次是含有排泄物、食物殘渣及含磷清潔劑等生活廢水和畜牧業廢水，導致水中的藻類大量增殖。

   (2) 過程：白天水中的光合作用旺盛，溶氧充足，但到夜晚，動、植物及繁殖過多的藻類一起進行呼吸作用時就會出現缺氧的狀況，於是，部分藻類及動植物便死亡而沉入水底。

   (3) 結果：當汙染更形惡化，水中的溶氧會全部被呼吸作用以及水底有機殘骸的分解作用所耗盡，最後水中除了厭氧性細菌能夠殘存外，一般的動植物則全部消失，且因為水底有沼氣產生，故有惡臭出現。

6. (1) 燃燒煤炭會產生懸浮微粒，臺灣依據懸浮微粒粒徑大小分為 PM10 和 PM2.5 二類主要汙染物，其中 PM2.5 為直徑 ≦ 2.5 微米 (μm) 的懸浮微粒，稱為細懸浮微粒，不到髮絲粗細的 1/28，非常微細可穿透肺部氣泡，並直接進入血管中隨著血液循環全身，會對人體及生態造成不可忽視的危害。

　　(2) 汽油或柴油經由燃燒後，會產生碳化氫和氮氧化物，被陽光的紫外線照射後，轉化成一種半透明的有毒煙霧，其成分為臭氧、醛類、烷基硝酸鹽等。這類物質會刺激人類的眼睛、呼吸道黏膜而造成發炎疼痛，嚴重的會有視力衰退、呼吸困難、動脈硬化等症狀。

　　(3) 煤、石油燃燒產生二氧化硫，尤其是高硫煤燃燒所產生的廢氣含量更高。二氧化硫進入人體後，會溶解於呼吸道表面的水分而變成硫酸，對呼吸系統有強烈的刺激作用；至於在大氣中，它則可以和水蒸氣結合變成酸雨造成其他的危害。

　　(4) 氮肥廠、石化廠也會排出含氮廢氣。一氧化氮也是形成酸雨的另一成分，其危害性和二氧化硫類似；而二氧化氮經研究證實和致癌性有關，且在果樹栽培方面有不利的影響。

　　(5) 汽車排放一氧化碳，它可以引發貧血、心臟病、呼吸道疾病等，嚴重時則立即死亡。

7. (1) 原因：臭氧層距離地面 25~40 公里上空的平流層，紫外線照射氧分子形成游離氧原子 ($O_2 \rightarrow O + O$)，而氧原子再和氧分子結合成臭氧 ($O + O_2 \rightarrow O_3$)。這些作用有可逆性，所以在平流層內的氧氣和臭氧本來可以保持在平衡狀態。但後來因為人類製造許多破壞臭氧的氣體，使這個有如地球保護罩的臭氧層 (Ozone Layer) 出現「破洞」的現象。

　　(2) 過程：氟氯碳化物 (CFCs) 被釋出後，會一直上升到平流層被陽光照射而解離出氯原子 (Cl)，而自由氯原子則會從臭氧分子搶得一個氧原子變成一個氧化氯分子和一個氧分子 ($Cl + O_3 \rightarrow ClO + O_2$)，於是，臭氧分子便被破壞了。

　　(3) 結果：臭氧層每減少 1%，進入地球的有害紫外線就會增加 2%，而人類罹患皮膚癌的機率也會提高 3%。此外，紫外線還會傷害植物並殺死海

洋浮游生物，所以對整個地球食物鏈的關係會造成結構性的改變，對整個生態系的生產力也有絕對性的影響。

8. (1) 原因：溫室氣體指的是二氧化碳、甲烷、臭氧等，其中最主要的是二氧化碳。二氧化碳快速增加，主要原因是人類不斷增加燃燒作用，而且又砍伐森林使光合作用減少所致。因溫室氣體增加，使得地球溫度上升，產生大氣溫室效應。

   (2) 過程：

   a. 大氣溫室氣體增加：由於光合作用減少，燃燒作用增加，大氣內的二氧化碳濃度日漸提高。

   b. 短波光穿透溫室氣體進入地球：約有 45% 的短波光能可以穿透包含溫室氣體的大氣層而被地表吸收，使得陸地和水域因而溫度上升。

   c. 長波輻射被溫室氣體截留：日光照射在地表後，因為部分能量被吸收，所以轉變成波長較長的反射光，反射光本應以長波輻射的方式向大氣層外釋放，讓地球的吸熱與排熱維持平衡。而一旦溫室氣體濃度增高，由於長波輻射的穿透力弱，所以在向外釋放時就有一部分會被溫室氣體阻擋而再折返地表，於是這些長波熱能就在地表與溫室氣體間來回反射。

   d. 氣層溫度提高：被阻擋的長波輻射最終會轉變成熱能而保留在大氣層內，且新的短波光又繼續進入，在這種入多出少的情況下，氣層溫度便逐漸上升。

   (3) 結果：

   a. 海平面升高：如果海平面升高一公尺，全球估計約有 500 萬平方公里的土地要被淹沒，其中含有全世界三分之一的耕地和約 10 億人口的生活區。

   b. 氣候劇變：氣溫升高造成全球熱輻射能量失去平衡，進而造成大氣流動及海洋洋流偏離正常模式，引發極端氣候，造成全球氣候改變，有些地方會變得極為乾旱，有些區域卻更多雨成災，地球生態區的劃分可能要重新改寫。

9. (1) 廢棄物：各類垃圾約 1 公斤。

   (2) 廢水：洗滌、沐浴等產生的廢水約 40 公斤。

   (3) 排泄物：含固、液態排泄物約 2 公斤。

10. (1) 原因：在地表以上 12 公里內的大氣是所謂的對流層，正常情況下，對流層內的溫度與高度成反比，也就是說：越接近海平面的地方越熱，越近山頂則越冷，為了容易區分，將此正常的垂直溫度分布稱為「順溫」狀態。在某些自然條件配合下，對流層中有某一高度內的空氣，其溫度會比上下兩層的氣溫還高，而這團夾在上下兩層冷空氣間的一層熱空氣，即是氣象學中所稱的「逆溫層」。逆溫層並非是空氣汙染所引起的，而是一種自然的大氣現象。在盆地地形中，當白天日照強烈且空氣對流作用很小時，便容易產生逆溫層。

    (2) 過程：

    　　a. 盆地地區白天日照強烈，盆底氣溫甚高，但氣溫仍成順溫狀態。

    　　b. 夜晚到來時，盆地底層的空氣因為受地表冷卻的影響而氣溫下降，但因為對流作用很小，沒有風來擾動調和盆地裡的上下層空氣，所以盆地上層的空氣仍然維持溫暖。因此，這層夾在高空冷空氣和盆底冷空氣間的溫暖氣層，即是「逆溫層」。

    　　c. 白天再來時，如果沒有風的擾動，逆溫層仍會存在。

    (3) 結果：盆地底層的工廠、汽車廢氣，由於熱空氣上升、冷空氣下降的原理，所以會被逆溫層覆蓋而不能向盆地外的大氣稀釋，而大量積存廢氣的結果，盆地裡的空氣品質將更嚴重惡化。

11. (1) 墾丁國家公園境內的海洋汙染來源包含：人類生活活動產生的廢水、油汙汙染、土壤流失造成的漂砂汙染、核三廠冷卻水造成的熱汙染等。

    (2) 人類活動產生的富含有機質的廢水排放進入海洋，過剩的營養鹽可能造成藻類大量繁衍，尤其是具有毒性的鞭毛藻類大量滋生形成紅潮的優養化現象，進而使得其他海洋生物因此中毒造成生態浩劫。

    (3) 水上摩托車及周邊海域活動的船舶，或是海上油輪擱淺造成的油汙洩漏，重油覆蓋海面使得水下生物無法呼吸，或是大面積汙染海岸潮間帶棲地，造成海洋生物大量死亡。

(4) 水土保持不佳造成陸地土壤因豪大雨沖刷流入海洋，覆蓋潮間帶棲地及淺海珊瑚礁區域，造成大量珊瑚礁中的共生藻無法行光合作用而死亡，進而影響珊瑚礁生態。

(5) 核三廠熱排水使得周遭海域溫度上升，水溫上升造成珊瑚礁中的共生藻死亡，形成珊瑚白化現象，長久將造成珊瑚礁死亡。

12. (1) 空調機器為透過冷媒使吸進的空氣降溫以達到製冷的效果，但吸收的熱量則透過排氣的方式排出屋外，造成屋內涼爽、屋外熱量累積而溫度上升的狀況，大量且同時使用空調機器，會使得屋外熱量無法透過自然空氣的流動在短時間內擴散稀釋，造成「都市熱島效應」。

(2) 「都市熱島效應」會使逆溫層更容易形成，都市中的氣體汙染物將更不容易擴散排除，造成空氣品質嚴重惡化，影響個人健康及環境生態。

CHAPTER 07

1. (1) 食物殘渣、排泄物、清潔劑等有機汙染物。

(2) 細菌、病毒等有害人體健康的病原體。

(3) 垃圾在分解、掩埋、焚燒的過程中產生有毒物質。

(4) 洗滌、沐浴等各類家庭汙水。

(5) 發電、空調、醫療、家電設備等，也會直接或間接的對自然環境造成汙染，例如家電用品的熱汙染、醫療設施與通訊設備的輻射汙染、冷氣機與冰箱所使用的冷媒破壞臭氧層等。

2. (1) 食物殘渣、垃圾等由清潔隊定時收取後，送轄區垃圾焚化廠焚燒處理。

(2) 家庭汙水經下水道管線送至轄區汙水處理廠處理後放流。

(3) 排泄物排放至自家或社區化糞池，定時由清潔公司抽取處理。

3. (1) 廢棄物種類及來源包括：生活中產生的各類包裝材料及廢棄紙張、飲食製造的廚餘、損壞的日用品。

(2) 各類包裝材料及廢棄紙張進行資源回收再利用，減少單次丟棄的垃圾量。

(3) 飲食盡可能全數吃完，減少廚餘產生量。

(4) 損壞的日用品盡量修復後再使用，減少丟棄產生的垃圾。

4. (1) 回收寶特瓶再製成環保球衣。

　　(2) 廢棄紙張回收再製成紙漿，重新製造紙張。

　　(3) 畜牧排泄物經發酵產生甲烷等用於發電。

　　(4) 電器類廢棄物回收金屬重新再利用製成新產品，亦可回收其中所含貴金屬。

　　(5) 廚餘回收經煮沸處理後製成畜牧飼料。

5. (1) 多使用大眾交通工具或推廣共乘，減少廢氣排放。

　　(2) 推廣電動車使用，減少廢氣排放。

　　(3) 車輛汰舊換新，淘汰高汙染舊型車款，使用新款符合最新環保標準之車輛。

6. (1) 以半導體產業為例，會產生廢水、汙泥及廢氣等汙染源。

　　(2) 廢水：

　　　　a. 在製程中會使用不同的化合物或化學組成，用來清淨、蝕刻各項半成品的溶液或化學藥劑，也會對人體可能會有很高且不同的毒性與危害，這些帶有化學汙染物的工業廢水，多數為酸鹼廢水及含氟廢水，甚至含有劇毒的重金屬。

　　　　b. 工業廢水必須經由專業的處理廠商，經化學處理去除或降低其中化學汙染物的濃度後，排放至汙水處理廠進一步處理至符合環保署放流水標準的程度，才可以放流至河川中。

　　　　c. 半導體業為大量需水的產業，目前多數廠商已建立回收機制，幾乎在製程中使用的水有八成均可以回收再利用，減少廢水的排放量。

　　(3) 汙泥：

　　　　a. 半導體每完成一段製程，就必須用水將化學藥劑清洗乾淨，清洗後的廢水經過藥劑處理、排放乾淨的水後，剩下的物質沉澱就是汙泥。

　　　　b. 用 130°C 加溫汙泥，然後在旋窯式焚化爐裡，以 900~1,000°C 燒掉有害物質，汙泥轉變為穩定塊狀不會釋放其他物質，可以做為人工粒料或是地磚、紅磚、混凝土的原料。

　　　　c. 將汙泥加入高溫水泥窯中，以一定的比例下，可作為水泥的替代品。但是種類不同的汙泥，添加的比例也不同，超過則有損水泥品質。

(4) 廢氣：

    a. 廢氣須經由管路收集，經洗滌塔與活性碳過濾廢氣，再排放到大氣中。

    b. 少數廠商則已設置沸石濃縮轉輪設備，也就是在燃燒和吸附的過程中，將廢氣中的有毒物質濾出燒掉。

7. (1) 以消費性電子產品製造及銷售業為例，現今很大的問題是產品使用週期越來越短，追求新款式造成大量堪用品遭丟棄，或僅小小一個零件損壞即加以拋棄，製造許多電子產品廢棄物。

  (2) 堪用品可以回收整理後，免費或低價提供給無須最新款式功能的弱勢者使用，降低城鄉數位落差。

  (3) 政策輔導或要求各廠牌製造商必須將零件標準化，一旦機器故障，更換零組件即可不必全部捨棄，而捨棄後也能回收零組件再利用，延長使用效益。

  (4) 政策輔導或要求各廠牌製造商產品零件皆可完全拆解，回收後重新製造，降低過程中的廢棄物。

8. (1) 以能源類自然資源為例說明，可分為煤、石油及天然氣三大類。

  (2) 依據國際能源總署 (IEA) 每年定期公布「世界能源展望報告」解析結果：

    a. 煤炭：使用量面臨結構性下降。於 2025 年後達到峰值，2050 年較 2020 年下降約 25%。

    b. 石油：依目前使用趨勢，需求高點在 2030 年代中期。

    c. 天然氣：預期近五年會增加需求，在目前使用趨勢中，仍以天然氣來滿足工業、發電及供暖需求。

  (3) 但在全球重視因化石燃料使用帶來的全球暖化及氣候變遷危機的基礎上，各國都已逐漸制定政策減少上述非在生性能源的使用，在淨零排放的目標下，預期 2030 年煤炭需求下降 55%，2050 年下降 90%；石油也在電動車普及下將快速降低需求；天然氣使用量則從 2025 年驟降。

9. (1) 從消極的節約消耗和積極的開發取代兩者同時並進。

  (2) 加強資源回收工作：提高資源性廢棄物的回收率，盡量使用可以再生、再利用的原料，以減少自然資源的消耗。

(3) 提高使用效率：讓所有自然資源都能夠充分發揮其使用效能，例如採礦時應提高萃取率，引擎、渦爐等動力設備應使能源完全燃燒等，都可減少自然資源的浪費。

(4) 開發代用資源：利用存量多的資源取代存量少的資源，利用可回收的原料取代不可回收的原料，或是利用太陽能、風力能、潮汐能等不竭資源來取代非再生性的能源。

(5) 持續教育宣導與鼓勵措施：節約能源、資源回收等環保教育應持續推行，不應有階段性或區域性的差異。

(6) 制定周延的環保法令：訂定罰則，強制達到一定的回收比率，或高消耗資源者應課以更多的稅捐或費率等。

10. (1)環保角度來說，取消保特瓶回收獎勵金將使得部分人不再重視回收工作的執行，可能造成回收率下降，但因臺灣回收寶特瓶已行之有年，多數民眾已養隨手回收的習慣，回收率下降幅度可能不大，但從提升回收成效的角度，貿然取消仍是不合宜的政策。

(2)社會的角度來看，保特瓶回收獎勵金可提供弱勢者就業機會及增加收入，驟然取消回收獎勵金可能加劇弱勢者生存引發的社會問題。

(3)從人性角度而言，回收獎勵金可以增加民眾回收的意願，取消獎勵金，期待透過人民的道德感進行回收工作，是違反人性的作法，並不合宜。但臺灣因多年宣導且在獎勵金的激勵下回收制度和習慣已養成，取消獎勵措施或許影響輕微。

11. (1)環境自淨能力是指自然環境受到汙染時，可以藉助大氣或水流的擴散、氧化等理化反應，以及微生物的分解作用，將汙染物轉變成無害的物質，使環境回復到原本的潔淨狀態。

(2)要發揮環境自淨能力的前提，是必須保持自然生態的完整性。

(3)提高環境自淨能力的方法，即是維護環境甚至修復環境中受損的環節。

(4)在都會區的空地上加強綠化或增加植栽來取代水泥和柏油地，對空氣中的粉塵及二氧化碳含量都有明顯的降低效果，且對噪音的阻隔及都市熱島效應的防止也有顯著的功能。

(5) 減少對水源地、山坡地的開發與破壞，讓河流的流量能經常保持充沛而穩定，那河流本身就有更強的稀釋作用和生物、理化作用來抵抗外來的汙染。

12. (1) 復育工作是對某些適應能力較差，或族群中的個體數量已降低到幾乎無法自然繁衍的生物，不得不以人為介入的方式進行，以增加或維持族群達到自然繁衍的目標。

(2) 復育是將野生動物暫時保護，並積極培養其野外求生能力，等時機成熟，仍要把它野放到自然環境中，使之回歸正常的生態系統。

(3) 畜養則是把動物圈養在固定場所，以經濟利益為目標，非以回復自然族為目的。

CHAPTER 08

1. (1) 以臺中區域為例，鄰近有高美濕地，為野生動物保護區，也是國家重要濕地，具有廣闊的潮間帶，潮間帶上生長有稀有植物雲林莞草，冬季有豐富且多樣的候鳥棲息，是臺中重要的濕地景觀。

(2) 山區則有大雪山森林遊樂區，從東勢區開始的大雪山林道，沿途從低海拔亞熱帶闊葉林，一路直上，經中海拔針闊葉混生林到高海拔寒帶針葉林，呈現多樣化的森林景觀，與孕育豐富的野生動植物資源。

2. (1) 高美濕地為河口潮間帶類型濕地，位處大甲溪出海口，經河川沖積而成，具有寬廣約 3 公里，面積約 1,500 公頃的潮間帶濕地。並生長有稀有植物雲林莞草，形成開闊潮間帶間雜有草澤濕地，屬於河口生態系及沼澤生態系。

(2) 高美濕地主要的生物資源含括潮間豐富的底棲生物，以及因底棲生物提供豐富的食物資源而吸引聚集的多樣性冬候鳥，依據內政部營建署城鄉發展分署濕地保育資訊網資料顯示，紀錄有鳥類 45 科 127 種、魚類 47 種、蟹類 33 種、螺貝類 24 種，其中黑面琵鷺及黑嘴鷗被國際自然保護聯盟 (IUCN) 分別列為瀕危及易危物種。

(3) 高美濕地目前具有雙重保護身分，民國 93 年公告為高美野生動物保護區，民國 107 年公告為國家重要濕地。

3. (1) 紅樹林係指生長在熱帶或亞熱帶海岸潮間帶泥濘地之植物，全世界的紅樹林植物共有 5 科 9 屬 34 種，分別為馬鞭草科 (*Verbenaceae*)、使君子科 (*Combretaceae*)、棕櫚科 (*Arecaceae*)、千屈菜科 (*Lythraceae*) 及紅樹科 (*Rhizophoraceae*)，其中紅樹科為紅樹林組成之主體植物群，莖幹多呈紅色，富含單寧酸，可提煉紅色染料，故得名「紅樹林」。

(2) 臺灣紅樹林植物計有 6 種，但因棲地的破壞，目前僅存水筆仔、欖李、海茄苳及五梨跤等 4 種，其中水筆仔與海茄苳為臺灣紅樹林中最優勢的樹種，整體而言，北迴歸線以北之樹種趨向單一，以南之樹種組成較為多元。

(3) 北部紅樹林以水筆仔及海茄冬為主，南部則 4 種紅樹林植物均有。但在過去不瞭解紅樹林對非原生地區會造成潮間帶棲地型態改變，進而改變底棲生物組成的不良影響情況下，臺灣曾經在西部各河口潮間帶進行紅樹林復育，形成原本許多原本未生長紅樹林的地區遭紅樹林擴散占據潮間帶濕地，且自然分布的物種界線也遭打破。

4. (1) 玉山國家公園主要以高山景觀為主，範圍內 3,000 公尺以上列名臺灣「百岳」之山峰共有 30 座。崇山峻嶺由菲律賓海板塊上的火山島弧（海岸山脈前身）與歐亞大陸聚合、受阻並劇烈擠壓隆起而生成，因地質年代相對年輕，地質不穩定，加之颱風、地震等擾動劇烈，因此形成多樣化的地理景觀。

(2) 玉山國家公園生物資源豐富且多樣，包含有：

a. 哺乳類 65 種，占臺灣陸域哺乳類物種數之 74 %。

b. 鳥類種類多樣約有 233 種，幾乎包括全臺灣森林中的留鳥，而 29 種臺灣特有種鳥類皆可在園區發現。

c. 因多數地區位處高海拔，因此爬行類種類僅有 47 種，種類與數量較少，其中蛇類 31 種，蜥蜴類 12 種及龜鱉類 3 種。

d. 兩棲類共有 21 種，其中有尾類有 3 種，為阿里山山椒魚、楚南氏山椒魚及臺灣山椒魚，均為臺灣特有種，無尾類有 18 種。

e. 蝴蝶種類有 289 種，其中鳳蝶科 27 種，粉蝶科 31 種，灰蝶科 74 種，蜆蝶科 2 種，蛺蝶科 109 種，弄蝶科有 46 種；累計約占臺灣全部蝴蝶種類之一半以上。

f. 淡水魚類 16 種。其中，臺東間爬岩鰍、大吻鰕虎是僅見於東部的特有種魚類，高身鏟頜魚及何氏棘魞為僅分布於東、南部溪流的珍貴魚種。

(3) 玉山國家公園人文特質以布農族原住民文化最具特色。「布農」是原住民族中自稱 bunun 的漢譯名，為「人」的意思。布農族社會是以父系為主，男性享有極高的家庭與社會地位。部落的組織，皆以氏族為中心，部落以擁有豐富經歷的年長者統治為原則。日治時代的人類學者，將當時散居在中央山脈兩側廣大山地地帶，將近二萬人口的布農族分為巒社群、卡社群、卓社群、丹社群和郡社群等五大群，以及一個已經消失的蘭社群。布農族生活領域在 500~3,000 公尺之間。為原住民各族中，住居最高的民族，也最適應山地生活者。布農族最重要的五大祭典，是射耳祭、驅疫祭、嬰兒祭、小米播種祭、小米進倉祭。布農族人世居中央山脈，位處高山地帶，基本生活除了依賴農耕生產外，還會從事狩獵、採集的勞力工作。

5. (1) 苗栗三義火炎山自然保留區位於苗栗縣三義鄉及苑里鎮境內，地質上是泥質岩層與礫石層間的鬆散結構被侵蝕後所形成的一種惡地，由於旺盛的沖刷作用破壞植被，裸露的岩層被切割成刀鋒狀，在夕陽照射下，整片崩坍的斷崖會像著火般通紅，所以有火炎山之稱。

(2) 火炎山保留區內有臺灣面積最大的馬尾松天然林，還有一些相思樹、楓香、烏臼、大頭茶及多種蕨類。動物則較稀少，常見的有赤腹松鼠、莫氏樹蛙、褐樹蛙、攀木蜥蜴等。

(3) 火炎山自然保留區對臺灣生態的重要性為馬尾松天然林的保存，同時也保護了臺灣低海拔森林生態系的完整性。

6. (1) 文化資產保存法：1982 年完成立法公告。中央主管機關為主管機關為文化部。負責文化資產之保存、維護、宣揚及權利之轉移。行政院農業委員會則負責自然文化景觀部分。

(2) 野生動物保育法：1994 年完成立法公告。中央主管機關為行政院農業委員會。負責保育野生動物，維護物種多樣性，與自然生態之平衡。

(3) 國家公園法：1972 年完成立法公告。中央主管機關為內政部。負責保護國家特有之自然風景、野生物及史蹟，並供國民之育樂及研究。

(4) 森林法：1932 年完成立法公告。中央主管機關為行政院農業委員會。負責保育森林資源，發揮森林公益及經濟效用。

(5) 濕地保育法：2013 年完成立法公告。中央主管機關為內政部。負責確保濕地天然滯洪等功能，維護生物多樣性，促進濕地生態保育及明智利用。

CHAPTER 09

1. (1) 中國人的生態倫理觀主要為延伸人與人之間的倫理道德觀到人與生態系之間的關係。

   (2) 古代道家所倡的「天人合一」、「道法自然」；孟子梁惠王篇：「不違農食，穀不可勝食也。數罟不入洿池，魚鱉不可勝食也。斧斤以時入山林，林木不可勝用也。」都在強調人與自然間應該本著和平共榮的關係。

2. (1) 「因為人類需要」讓別的生命活存下去，會形成每一種生命都具有存在利益的偏頗觀點，一旦失去對人類有利的價值，則會被視為「不需要」，也就沒有必要繼續活存下去，最終造成生命待價而沽的不正確觀念，人類就會淪為以自己好惡來決定其他生命死活的濫殺者。

   (2) 「因為尊重」讓別的生命活存下去，則是將每一種生命都是具備獨立意義且對生態系平衡不可或缺的一環，對人類有益與否，根本無關乎其存在的意義。

3. (1) 從生態倫理的角度來看，人類屬於地球生態系的一員，和其他生命沒有不同，一切需求都必須從維護生態系統平衡的角度思考，應該約束人類對自然界的需求，停止對自然界無止境的需索。

   (2) 現今許多生態問題導因於人類過度繁衍造成的人口爆炸，因此為維護生態系平衡，尊重其他生命的生存權，應該節制人口成長的速率，但從族群生態學的角度，又不能造成人口出現負成長的情形，才能維持人類的永續生存，因此一對夫婦應該生育幾個孩子，必須從人口結構及年齡組成去思考，以維持人口金字塔呈現正三角形的健康族群結構的前提下，決定每對夫婦可以生幾個孩子。

4. (1) 購買友善環境耕作農產品，與環境中其他野生動物共存。

(2) 購買友善養殖雞蛋，維護蛋雞優質生存條件。

(3) 多吃植物性食物，減少肉類食物攝取，減少對其他動物的殺戮行為。

(4) 穿著植物纖維製作的衣物，減少化學纖維使用，減輕水質汙染，對水生生物生存有益。

(5) 減少空調使用量，降低都市熱島效應，對野生動植物生存有益。

(6) 使用綠建材，新建建築以綠建築概念興建，減少能源需求，降低棲地破壞和環境汙染，有益其他動物生存。

(7) 多使用大眾運輸系統，減少石化能源需求，降低棲地破壞和環境汙染，有益其他動物生存。

(8) 使用電動車輛，減少石化能源需求，減低空氣汙染，有益其他動物生存。

(9) 不購買野生動物產製品，減少對其他動物的殺戮行為。

(10)戶外休閒遊憩時不隨意攀折植物及捕捉昆蟲、動物，尊重其他生物生存權利。

MEMO:

MEMO:

MEMO:

國家圖書館出版品預行編目資料

環境生態學/朱錦忠, 陳德治編著. -- 四版. -- 新北市：
新文京開發出版股份有限公司, 2023.04
　　面；　　公分

　ISBN　978-986-430-914-6（平裝）

　1.CST：環境生態學

367　　　　　　　　　　　　　　　　112003541

環境生態學（第四版）　　　　　　（書號：B167e4）

編 著 者	朱錦忠　陳德治
出 版 者	新文京開發出版股份有限公司
地　　址	新北市中和區中山路二段 362 號 9 樓
電　　話	(02) 2244-8188（代表號）
Ｆ Ａ Ｘ	(02) 2244-8189
郵　　撥	1958730-2
初　　版	西元 2003 年 07 月 25 日
二　　版	西元 2007 年 07 月 10 日
三　　版	西元 2016 年 02 月 01 日
四　　版	西元 2023 年 04 月 20 日

New Wun Ching Developmental Publishing Co., Ltd.

New Age · New Choice · The Best Selected Educational Publications — NEW WCDP

新文京開發出版股份有限公司

NEW WCDP

新世紀·新視野·新文京—精選教科書·考試用書·專業參考書